아이들과 **캠핑카로 누빈**

미국 서부 캐나다

캠핑카, 크루즈 꿀팁과 함께

석장군 지음

아이들과 **캠핑카로 누빈**

미국 서부 캐나다

핫
스팟

캠핑카, 크루즈 꿀팁과 함께

석장군 지음

주류성

목차

LA
가장 다양한 문화 속에서 과거부터 현재를 경험하다

*"세상엔 이토록 다양한 사람들이
복잡한 문화 속에서 살고 있단다"*

#미국에서도 가장 많은 인종 #거의 모든 문화 체험 #예약만 잘하면 공짜
#대가의 작품들을 무료로 #다같은 해변이 아니다 #영화같은 도시 #영화속 여행

26

미국서부 테마파크

즐길 준비가 되어있는 사람들과 만나서 더 행복하다

"때로는 영화속, 동화속 주인공이
되는 꿈도 필요해"

#디즈니 #레고랜드 #유니버설 스튜디오 #의외로 레고랜드 워터파크

86

샌디에고 Sandiego

미국인들이 사랑하는 휴양도시, 그들이 여유로워 더욱 여행하기 좋다

"가던 길을 멈추고
주변을 둘러보면 어느새 고민은
별 게 아닌 게 된단다"

#바람소리 마저 여유로운 #남쪽이어도 덥지 않아
#가을 날씨 #야생 바다 표범과 물개 #배경에 파묻혀 즐기는 해변

146

라스베이거스 Las Vegas

사람들도 나도 15cm정도 떠서 여행하는 기분

"화려한 것에는
독이 있을 것 같지만
순수하게 그냥 즐길 줄도 알아야 한단다"

#말로만 듣던 사막은 다르다 #화려해서 주눅들기 보단 기쁜
#다른 나라 혹은 다른 행성 #애들은 역시 수영장 #모두가 일탈 #아이도 좋아하는 쇼

162

Grand Circle

우리가 지구의 '주인'이 아니고 '손님'이라는 것을 일깨워주기 좋은 곳

"지구 면적에서 인간이 사는 공간은
5% 정도밖에 되지 않는단다"

#위대한 자연 #우린 지구 세입자 #사진으로 못담아 #돌맹이만 있어도 좋아 #SUV가 필요해

184

캐나다 로키산 캠핑

아름다운 곳에서는 아이들의 생각도 아름다워진다

"아빠,
캠핑은 너무 이쁜 것 같애"

#육안으로 은하수를 보다 #별자리 앱이 필요한 곳 #물은 원래 에메랄드빛인가
#휴게소 뷰 가스위스 뷰 #아아아 끊임없는 감탄 #자연 동물원 #그냥 가만 있어도 좋다

210

샌프란시스코 san francisco

날아갈 것 같은 바람을 맞으며 인간의 위대함을 증명하다

"바람이 이렇게
세게 불어도 사람들은
다리를 완성했다"

#바람의 도시 #안개의 도시 #도심도 즐거운 놀이터 #미션을 주면 즐거워
#케이블카에 매달리기 #클램차우더

272

1번국도와 솔뱅

그 순간이 아니면 다시는 즐길 수 없는 것들도 있다

*"우연이 선사한
큰 즐거움"*

#1년 넘게 폐쇄된 해안도로 #우리가 가니 뚫린다 #9시간 운전
#솔뱅은 어느나라 #고향으로 가는 기분

296

크루즈 cruise

호텔과 캠핑을 좋아하는 아이들에게 최고의 선물

*"아빠,
크루즈는 떠나는 호텔이네?"*

#대형 놀이터 #아이스크림 천국 #쇼쇼쇼 #문화 예절 교육장 #멕시코 맛보기

308

기획의도

요즘 <한 달 살기>가 여행의 한 장르로 여겨질 정도로 많은 사람들이 기획하고 실행하고 있다. 아무래도 최근 한국 직장인들 사이에 '워라벨'(워킹&라이프 밸런스)을 중요시하는 기조도 한 몫 했을 것 같고, 디지털 플랫폼의 발달로 손쉽게 현지인의 숙소를 구할 수 있게 된 것도 큰 요인으로 작용했을 것이다. 그런데 아직까지는 제주도나 동남아 등 비교적 가까운 곳에서, 혼자이거나 두 명이 한 달 살기를 하는 경우가 대부분인 것 같다. 4인 가족의 한 달 살기 여행을 검색해보면 대부분 아이들의 영어 캠프가 포함된 동남아 영어권 여행지가 대부분인 것을 보면 말이다.

여행분야 베스트 셀러 서적도 각 챕터 뒷부분에 '가족들을 위한 코스'정도로만 가족여행을 소개하고 있고, 인터넷에 떠도는 단편적인 정보들도 한 달 살기를 위한 것은 아니었다. 이곳 저곳에서 가족단위 한 달 살기 여행자를 위한 빈약한 정보를 채우고자 거의 1년동안 인터넷, 현지 관광업체, 지인 등을 동원해 자료를 정리해 나갔다. 이 책은 다음 질문들을 가진 부모에게 큰 도움이 될 것이다. "미국, 캐나다 서부하면 떠오르는 테마파크와 수많은 캐년들 그리고 로키산맥의 대자연에 과연 우리아이들을 데리고 갈 수 있을까? 그리고 과연 우리 아이들이 좋아할까? 그곳들을 두 달을 여행한다면 우리 아이들이 체력적으로 버틸까? 아니, 우리 부부는 버틸까?"

이 책을 읽으시는 분에게

아직도 준비할 것이 많다고 느낄 때 즈음, 53일간의 미국/캐나다 서부 여행은 시작되고 끝났다. 하지만 여느 여행과 달리 아쉬움이 많이 남기보다는 그 모든 순간들이 벅차고 행복하다. 그리고 그 순간들을 아이들과 함께하여 더욱 소중하다. 앞으로 한 달 이상 장기여행이 대한민국에서 더욱 각광받을 것을 예상해볼 때, 필자가 준비했던 것들과 경험했던 것들을 공유하는 것이 아이를 키우는 많은 부모들에게 큰 도움이 될 것이라고 생각한다.

그리고 하루하루 여행을 하면서 매일 저녁 아이들에게 물어봤던 "오늘 거기는 어땠어?"란 질문에 대한 아이들의 답도 최대한 자세히 적으려고 노력했다. 어쩌면 아이들과의 가족여행을 준비하는 부모들에게 가장 중요한 질문일 수도 있겠다. 때로는 아이들을 위해 준비했던 장소가 전혀 아이들에게 어필하지 못하고, 예상치 못했던 장소가 아이들에게는 가슴 벅찬 순간으로 남기 때문이다.

여행준비

미국, 캐나다 코로나 관련 입국 정보

코로나19가 유행하는 상황에서, 미국과 캐나다를 비롯한 전 세계 국가들이 외국인을 대상으로

입국제한 조치를 실시하고 있다.

그런데 각국의 입국제한 조치는 거의 일자별로 조건이 변경되고 있고, 따라서 이 책에는 부득이

미국과 캐나다의 코로나 관련 입국 제한 조치를 자세히 싣지는 않았다.

대신 시시각각 변하고 있는 각국의 입국제한 조치를 자세히 확인할 수 있는 외교부 안전공지

QR코드를 아래에 기재하였으니 참고하자.

외교부 코로나 안전공지
바로가기 QR코드

미국서부/캐나다 여행 간략 일정

구분	From	to	교통수단	시작일	종료일	기간(일)	주요 관광
LA	인천	LA	비행기	06월 07일	06월 17일	10	해변, 박물관, 미술관, 유니버설 스튜디오
애너하임	LA	애너하임	렌터카	06월 17일	06월 20일	3	디즈니랜드
샌디에고	애너하임	샌디에고	렌터카	06월 20일	06월 25일	5	자연사박물관, 샌디에고동물원, 레고랜드
라스베가스	샌디에고	라스베가스	렌터카	06월 25일	07월 04일	9	호텔투어, 르레브, 앤텔로프, 그랜드캐년, 홀슈밴드, 모뉴먼 밸리
로키산맥	라스베가스	캘거리	비행기	07월 04일	07월 17일	13	벤프/베스퍼/요호 국립공원 RV카 캠핑
샌프란시스코	캘거리	샌프란시스코	비행기	07월 17일	07월 21일	4	피셔맨즈 워프, 골든게이트브릿지, 유명 레스토랑 위주
크루즈여행	롱비치	앤세나다	크루즈	07월 22일	07월 26일	4	카탈리나, 엔세나다(멕시코)
LA	롱비치	LA	렌터카	07월 26일	07월 30일	4	산타모니카 해변에서 여유

일정, 에어텔 예약

일정짜기(#여유롭게)

한 달 이상 장기 여행을 하는 방법은 크게 두 가지인데, 한 군데에서 현지인처럼 오랫동안 사는 것과 1주일~10일 단위로 현지인의 삶을 계속 이어나가는 것이다. 한 군데에서 지내는 여행은 초반에만 잘 적응하면 일정 내내 큰 무리 없이 여유롭게 잘 지낼 수 있다. 하지만 뭔가 좀 심심할 것 같은 느낌 때문에 우리 가족의 두 달 여행은 '돌아다니기'로 정했다.

큰 도시를 기준으로 한 도시에 최소 5일은 머물기로 하였다. 일정을 2~3일로 더 짧게 가져가고 더 많은 곳을 돌아보는 것도 방법이지만 아이들을 데리고 그렇게 하는 것은 추천하지 않는다. 아이들을 동반하는 장기 여행에서 가장 중요한 것은 아이들의 건강상태 및 컨디션인데, 미국, 캐나다처럼 넓은 나라에서 도시 간 이동을 2~3일에 한 번씩 하는 것은 아이들은 물론 어른들의 컨디션도 망쳐놓는다. 어른의 욕심으로 현지에서 열병이나 몸살, 배탈이 나는 경우는 흔한 일이다. 전체 여행 일정이 짧으면 구급약으로 견디고 한국에 돌아와서 치료를 받으며 쉬면 낫지만, 장기여행에서 구급약이 큰 효과가 없으면 정말 난감해진다. 병원비도 병원비지만 병원에서의 의사소통(영어를 웬만큼 하더라도 병원 진단에 사용하는 영어는 또 다르다)도 문제고, 무엇보다 행복해야만 하는 여행이 불행한 기억으로 가득 찰 수 있는 것이다.

　"우리 애들은 여행 체질이에요"하는 사람들도 있겠지만, 장기여행이 처음이라면 일정을 여유롭게 짜는 것은 기본 중에 기본이다. 메인 도시와 도시 사이에는 하루에서 반나절 정도 '아무 것도 하지 않는 것'을 일정에 넣기를 추천한다. '한 달 살기'는 충분한 휴식이 포함된 '삶'인 것을 다시 한 번 떠올리자.

　가고 싶은 도시와 장소들을 먼저 정하고 동선을 짜는 방식으로 여행을 계획하면 되는데, 요즘에는 여행 동선을 짜는 어플들도 많이 있다. 대부분 장소만 입력하면 지도 위에 장소가 표시되며 장소들 간의 상대적인 위치를 알려주어 동선이 꼬이지 않게 배열할 수 있다. 그리고 장소와 장소간의 거리도 표시해주고 교통편 별로 얼마나 소요되는 지도 알 수 있어 무척 편리하다. 심지어는 다른 여행자가 공개해놓은 동선도 참고할 수 있다. 어플은 본인 스타일에 맞춰 가장 편한 것으로 고르면 되는데, 가능하면 핸드폰뿐만 아니라 PC에서도 호환이 되는 플랫폼을 선택하는 것이 여러모로 편리하다.

비행기표 준비하기(#일년전에)

비행기표를 가장 싸게 구매할 수 있는 방법은 누가 뭐라 해도 '특가'상품을 노리는 것이지만, 4인가족 여행 일정에 맞는 특가 상품은 잘 찾기 어렵다. 그리고 장기 여행 특성상 여행 일정 변동이 어렵기 때문에 무작정 특가가 나오기를 기다리고 있을 수만도 없다.

저가항공이든 국적기든 비행기표 예약은 여행일정 1년 전부터 가능하고, 만 1년 전에 오픈되는 티켓은 일반적으로 가격이 상당히 저렴하다. 그래서 한 달 이상 가족여행을 기획한다면 가장 먼저 여행 일정부터 확정해 놓고 최대한 비행기표부터 빨리 예매하는 것이 비용상으로 더 이점이 있다. 비행기표를 예매했더라도 추후에 얼마든지 더 싼 표가 나올 수도 있으니 가격비교사이트를 통해 알람을 설정해 두자. 그리고 특가가 나온다면, 취소수수료를 고려해서 더 저렴한 것으로 결정하면 된다.

북미 현지에서의 장거리 이동을 위한 비행기표도 예매해야 한다. 여행지 간 거리가 멀면 렌터카로도 해결할 수 없는 경우가 많고, 이 경우 미국 국내선과 미국-캐나다 국제선을 이용해야 하는데, 수속 프로세스도 간단한 편이고 요금도 그렇게 비싸지 않다. 델타 항공이나 에어캐나다 같은 항공사들의 요금은 우리나라 저가 항공과 비슷하다. 단, 이유 없이 비행기 수속시간이 연기되는 경우가 빈번하니 비행시간 앞 뒤로 충분한 여유를 두는 것이 좋다. 도착 시간을 예상해서 바로 관광 스케줄 예약을 해 두면, 그 일정대로 소화를 못하는 경우가 많다.

숙소예약(호텔/Airbnb)

숙소 역시 비행기와 마찬가지로 일찍 예약하는 것이 가격적으로 좀 더 유리하다. 특히 LA 해변이나 샌프란시스코 북쪽은 일찍 예약하지 않으면 웬만한 숙소는 전부 매진되기 때문에 이 지역 여행을 계획하고 있다면 다른 지역보다 먼저 예약을 서두르는 것이 낫다.

요즘은 현지인의 생활 숙소를 빌려주는 '에어비앤비'가 유행인데, 가족단위 여행에도 괜찮은 선택지이다. 주방이 달린 호텔 룸도 있지만 흔치 않고, 일반 객실보다 비싼 경우가 대부분이다. 현지인들처럼 마트에서 장을 봐서 요리를 하고 식사를 해결해보는 경험은 언제나 할 수 있는 것이 아니며, 아이들에게도 좋은 추억이 된다. 더욱이 식당에서 끼니를 해결하는 것보다 훨씬 경비를 아낄 수 있다는 장점도 있다. 그리고 에어비앤비의 경우 호스트별로 렌트 기간에 따라 할인을 적용해주는 경우가 있는데, 보통 6~7일 이상 예약을 하면 하루치 정도의 비용을 할인해주곤 한다. 그래서 한 곳에서 7일 이상 머무를 경우 호스트가 할인을 해주는 곳을 예약하는 것이 경비를 조금 더 절약하는 방법이다.

에어비앤비의 단점을 꼽자면 호텔처럼 매일 침대 시트가 새 것으로 바뀌지 않고 청소도 직접 해야 한다는 정도다. 말 그대로 현지인처럼 사는 경험이다. '그래도 여행을 왔는데 청소, 요리, 설거지에 시간을 쓸 수 없어'라고 생각한다면 처음부터 호텔을 선택하는 것이 좋다.

에어비앤비 숙소 중에는 숙소 주인이 이웃주민들에게 알리지 않고 숙소를 대여하는 곳도 종종 있다. 이 경우 게스트에게 '에어비앤비로 예약했다고 하지 말아주세요'라고 부탁하는 호스트들도 있다. 이것이 껄끄럽다면 다른 숙소를 예약하자. 그런데 다른 관점에서 보면, 정말로 현지인인 척? 며칠을 살아볼 수 있으니 그것 마저 좋은 경험이 될 수 있다.

우리 가족의 경우 커뮤니티 수영장이 있는 에어비앤비 숙소를 이용했었는

LA 근교 산타바바라에서 묵었던 에어비앤비, 단란한 미국 가정 생활을 체험해 볼 수 있다

데, 사설 경비업체에서 이름과 숙소를 물은 적이 있다. 당시 주인 이름을 잊어 버려서 말을 제대로 못한 적이 있는데, 친척 집에 왔다고 둘러대서 위기(?)를 모면한 적이 있다. 떳떳하게 돈을 내고 뭐 하는 짓인가 심기가 불편하기도 했지만, 지나고 나니 이런 것도 재미있는 경험이었다. 다시 말하지만, 불편하다 면 호스트의 부탁을 처음부터 거절하도록 하자.

에어비앤비에서 숙소를 검색하다가 가끔 호텔이 올라오기도 하는데, 이상 한 것이 아니라 회원제 호텔 숙박권인 경우가 대부분이니 안심하자. 호텔 회원 권을 산 사람들이 자신이 이용하지 않는 날짜에 일반인들에게 렌트를 하는 경 우이다. 이렇게 나온 숙소들은 가격비교사이트나 호텔 홈페이지에서 예약하는 것보다 싼 경우가 많으니, 좀 더 저렴하게 숙소를 이용하려면 가격비교사이트 와 호텔 홈페이지 그리고 에어비앤비까지 비교해보는 것이 좋다.

미국 호텔의 경우 주차비를 따로 받는 곳이 많고 심지어 냉장고가 있는 방이 더 비싼 경우가 많다. 예약하기 전에 우리 가족에게 꼭 필요한 옵션들이 무엇인지 결정하고 이런 옵션들이 갖춰져 있는지, 가격은 얼마인지 확인하자. 장기 여행의 경우 챙겨갈 수 있는 옷이 제한적이기 때문에 항상 세탁을 하면서 여행을 해야 한다. 세탁실은 장기 여행객에게 필수 시설이니 호텔 예약 전에 세탁실 유무를 판단하는 것이 좋다. 단, laundry service라고 되어 있는 세탁서비스는 내가 직접 빨래를 하는 게 아니라 세탁물을 수거해서 배달해주는 서비스로 가격이 상당히 비싸다. 이 둘을 헷갈리지 말자. 내가 직접 세탁기를 돌리는 서비스는 대부분 'coin laundry'라고 표기한다.

그리고 의외로 가격비교 사이트에 노출되지 않는 호텔들이 많으니, 계획한

여행 지역에서 적당한 호텔이 없을 경우에는 구글지도를 보며 숨어 있는 호텔을 찾는 것도 방법이다. 우리 가족이 모뉴먼트밸리 여행을 계획하고 가격비교 사이트에서 호텔을 검색했을 때, 이미 근처 호텔들은 전부 매진인 상태였다. 검색 범위를 넓히니 밸리에서 45km 떨어진 곳에 호텔이 있었는데, 미국에서 45km 정도면 그리 멀지 않을 거라 생각해서 우선 예약을 해 두었다. 그런데 혹시나 하여 구글지도로 근처를 검색하다 보니 'the View'라는 호텔이 있다는 것을 알게 되었고, 이 호텔은 가격비교사이트에는 검색되지 않는 호텔이었다. 다행히 방 3개 정도가 남아 있었고, 덕분에 우리 가족은 모뉴먼트밸리 바로 입구에서 밸리의 석양과 밸리에서 떠오르는 일출을 모두 호텔방에서 감상할 수 있었다.

호텔방에서 찍은 모뉴먼트밸리의 야경

관광비자 신청하기

미국, 캐나다 여행을 준비하면서 에어텔 준비보다 더 중요한 게 있다. 바로 관광비자 신청이다. 미국은 ESTA, 캐나다는 ETA라는 시스템에서 신청하는데, 흔히들 관광비자 정도로 알고 있지만 사실 ESTA, ETA는 관광비자를 받기 위한 시스템의 이름이다.

ESTA와 ETA는 미국, 캐나다에서 운영하는 사이트라 그런지 한국사람에게는 사이트 구조가 조금 어색하긴 하다. 신청하기 전에 명심해야 할 것은 이 두 사이트 모두 '임시저장' 시스템이 없다는 것이다. 오타를 지우려고 backspace 버튼을 누르다가 웹페이지 뒤로 가기가 되면서 적은 내용이 모조리 날아가 버린 경우도 있었고, 와이파이에서 작성하던 중 와이파이가 잠시 끊겼다가 붙었지만 내용이 다 날아가 버린 적도 있었다. 적을 것이 꽤 많으니 가능하면 통신 연결이 안정적인 환경에서 신청하는 것이 좋다.

그리고 이름 등 중요한 정보들은 오타가 없는지 정확하게 확인해야 한다. 틀리게 기재하고 결제하면 환불은 불가하고 처음부터 다시 기재한 뒤에 수수료 14달러를 또 내야 한다. 그러니 여권을 옆에 두고 한 글자 한 글자 신경 쓰며 차근차근 신청하도록 하자.

3인 가족 이상일 때는 ESTA 신청시
'그룹'으로 신청하면 조금 더 편하다

중복되는 항목의 경우 두 번 답하지 않아도 되고, 가족 모두를 등록한 뒤에 한꺼번에 수수료 결제를 할 수 있다. 그렇다고 할인되는 것은 아니고 인당 가격은 전부 내야 한다.

구급약은 질병 / 상해 별로
조금씩 다 준비하고,
속이 보이는 지퍼백에 보관하자

해열제, 진통제, 지사제, 소화제, 종합감기약, 반창고 등 종합병원 느낌으로 구급약을 준비하자. 쓰이지 않으면 아프지 않아서 운이 좋은 것이라 생각하고, 짐이 되더라도 구급약은 필수이니 분야별로 다 준비하자.

말 그대로 급할 때 쓰려고 준비하는 약이기 때문에 많은 여행 짐들 사이에서 쉽게 찾을 수 있어야 한다. 그리고 약의 종류가 많기 때문에 나눠서 속이 보이는 지퍼백에 보관하자. 그러면 급한 일이 생겼을 때 바로 찾아서 처방할 수가 있다.

진통제/ 해열제 같은 경우는 미국 마트에서 쉽게 구매할 수 있다. 특히 타이레놀, 애드빌 같은 비스테로이드계열 진통제는 우리나라보다 아주 저렴한 가격에 팔고 있으니, 쇼핑 리스트에 포함시켜도 좋다.

두 달 짐 싸기

짧은 여행에 가져갔던 물품은 과감히 포기한다

보통 일주일 이내 여행에서는 특별한 날을 위해 한 번 입을 옷들(이브닝 드레스처럼)과 물품들도 챙기게 되는데, 장기 여행에서는 수 차례 입어도 될 옷들 위주로 챙겨야 한다. 그리고 무엇보다 세탁이 손쉬운 옷을 챙기는 것이 좋다. 28인치짜리 캐리어 2개에 4인가족 물품을 다 넣는다고 하면 약 1주일 분량의 옷들이 겨우 들어간다. 세탁을 하면서 옷을 해결하더라도 부족해진 옷은 현지에서 구매하는 것도 좋은 방법이다.

그런데 만약 여행 일정에 크루즈 여행이 포함되어 있다면, 저녁 식사 시간에 입을 셔츠와 재킷이 필요하긴 하다. 하지만 정장은 캐리어에 막 구겨 넣기도 부담스럽기 때문에 여행 내내 처치곤란일 수 있다. 크루즈가 여행일정에 포함되었다면, 저녁에 다이닝 레스토랑을 이용하지 않고 편한 옷차림으로 갈 수

책장에 차곡차곡 책을 넣듯 옷들을 세워서 꽂아 넣자. 찾기도 쉽고 수납도 더 많이 할 수 있다.

있는 캐주얼한 식당을 찾아가는 것도 방법이다.

그런데 크루즈 여행 티켓에는 식사 비용까지 전부 포함되어 있다. 그래서 다이닝 레스토랑을 놓치기 아까운 게 사실인데, 이 때는 입구 매니저에게 양해를 구하고 식사를 하는 방법도 있다. 하지만 거의 모든 탑승객들이 정장을 입고 오며 식사 시간 내내 우리 가족의 옷이 엄청 튄다는 것도 고려해야 한다.

유모차는 한 명의 짐꾼이다

트립용 유모차가 있다면, 아이가 탈 나이가 지났더라도 가져가는 것이 좋다. 한국 나이로 7살 정도까지는 아직 유모차 타는 것이 어색하지 않다. 또한 공항이나 공공시설에서 대기할 때 유모차를 갖고 있는 가족들에게는 편의를 봐주기도 한다. 디즈니랜드 같이 큰 테마파크들을 즐길 때는 밤 늦게까지 있는 경우가 많고, 걷는 양도 많기 때문에 아이들은 당연히 지친다. 이럴 때 유모차가 너무나 유용하게 쓰이고 평소 이동 중에는 옷가지 등 많은 짐들을 실어 놓을 수가 있기 때문에 사람 한 명 분의 역할을 거뜬히 한다.

현지 쇼핑을 적극적으로 이용하자

한국과의 상품 가격 차이를 생각하면 미국, 캐나다 여행에서 쇼핑은 반드시 추가해야 할 관광코스이다. 여행 일정에 쇼핑몰을 넣을 때는 전체 여행 기간 중반 즈음에 한 번, 거의 막바지에 한 번 정도로 분할하자. 이 두 번의 쇼핑에서는 각각 사용 시기가 다른 물품들을 구매한다. 즉, 여행 중반에는 현지에서 필요한 물품 위주로 구매를 하고 마지막 쇼핑에서는 한국에 돌아와서 사용할 것들 위주로 쇼핑을 하자. 여행 초반에 너무 많은 물품을 구매해 놓으면 한두 달 내내 들고 다녀야 함을 명심하자.

미국, 캐나다 곳곳에 있는 한인 마트도 적절히 활용하자. 현지 음식을 먹다 보면 꼭 한 번씩 한식이 당기는 경우가 있는데, 즉석밥과 컵라면 등은 의외로 부피를 많이 차지하기 때문에 무작정 많이 가져갈 수가 없다. 한국보다 조금 비싸긴 해도 들고 다니는 수고를 덜기엔 한인 마트 만한 곳이 없다. 그리고 미국에서 한인 마트를 구경하는 재미 또한 쏠쏠하다. 여행을 가면 으레 한국 사람을 피해 다니고 싶은 심정이지만, 대놓고 한인들 한가운데로 뛰어드는 것도 아주 색다른 경험이다.

만약 한국에서 코스트코 회원이라면 한국 회원증으로 미국 지점들을 이용

할 수 있다. 미국 주요도시마다 코스트코가 있기 때문에 저렴한 가격으로 먹거리를 준비하거나 옷가지를 구입할 수 있다. 물론 코스트코의 강력한 환불 정책도 아주 유용하다. 또한 테마파크 이용권도 싸게 팔고 있으니 테마파크 방문을 계획하는 가족이라면 코스트코에서 티켓을 구매하는 것이 좋다. 레고랜드 3-DAY PASS의 경우 이틀만 이용하더라도 공식 홈페이지 이틀권보다 저렴하다.

LA

가장 다양한 문화 속에서
과거부터 현재를 경험하다

"세상엔 이토록 많은 사람들이 복잡한 문화 속에서 살고 있단다"

#미국에서도 가장 많은 인종 #거의 모든 문화 체험 #예약만 잘하면 공짜

#대가의 작품들을 무료로 #다 같은 해변이 아니다 #영화같은도시 #영화속 여행

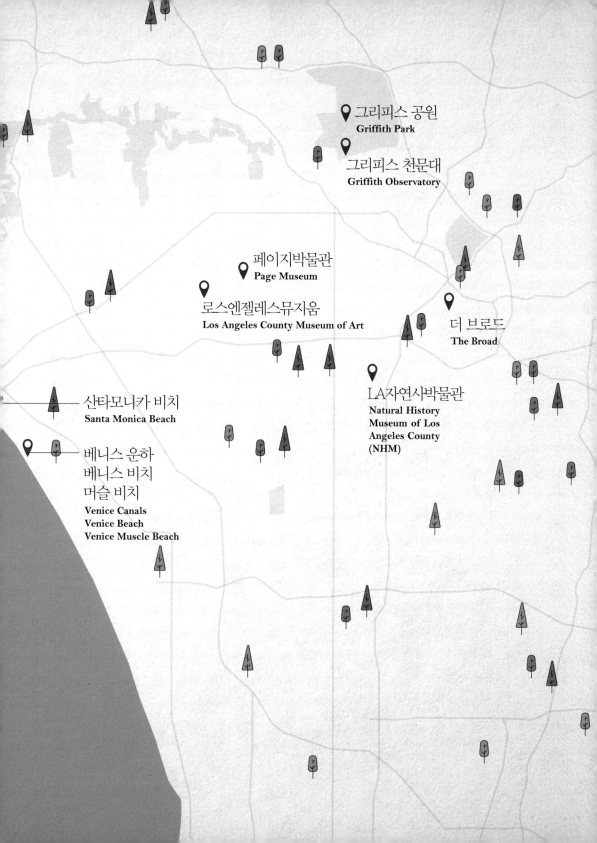

그리피스 공원
Griffith Park

그리피스 천문대
Griffith Observatory

페이지박물관
Page Museum

로스엔젤레스뮤지움
Los Angeles County Museum of Art

더 브로드
The Broad

LA자연사박물관
**Natural History
Museum of Los
Angeles County
(NHM)**

산타모니카 비치
Santa Monica Beach

베니스 운하
베니스 비치
머슬 비치
**Venice Canals
Venice Beach
Venice Muscle Beach**

렌터카 이용하기

LA Prologue

비행기 안이 오히려 편했다. LA에 도착하고 입국수속부터 긴장의 연속이
다. 트럼프 정권 이후로 외국인에 대한 입국심사가 엄격해졌다는 말에 더욱 위
축되었다. 하지만 ESTA(미국여행허가 전자시스템)를 통해 비자를 신청해 놓아서
인지, 실제 수속 때는 간단한 인사말만 오갔다. "미국에 얼마나 있을 예정인가
요?"란 질문에 "54일"을 외치자, 흑인이었던 입국심사자는 흑인 특유의 억양
으로 "뭐라고? 54일?"하며 놀란 눈을 감추지 않는다. '너무 오래 머문다고 머
라고 하려나?'라고 긴장하는 순간, "미국에서 즐겁게 지내다 가세요"라고 웃으
며 심사를 끝내 준다. 뉴스로만 보아왔던 미국 입국 심사는 그렇게 환대 속에
서 끝났고, 드디어 54일간의 여행이 본격적으로 시작됐음을 느낀다.

렌터카 이용하기

우리 가족은 여행할 때 렌터카를 잘 이용하지 않는다. 한 나라의 대중 교통 수단을 이용해보면, 그 나라의 문화와 역사를 어느 정도 체감할 수 있다. 대중 교통은 항상 역사적으로 그 나라에서 중요했던 거점들을 잇는 방식으로 발전하기 때문이다. 그런 체험은 여행이 아니면 절대 알 수 없는 것이기 때문에 이왕이면 대중교통을 이용하며 느껴보자는 주의였다.

예를 들어 한 외국인이 서울의 지하철을 이용하기 위해 노선도를 펼쳤다고 해보자. 광화문, 종로가 가운데 펼쳐져 있고 가장 선명한 색깔의 1호선~5호선이 광화문과 종로를 지나가는 것만 봐도 '여기를 중심으로 서울이 시작됐구나'라는 것을 느낄 수 있을 것이다. 그리고 그 외국인이 2호선을 타고 홍대, 신촌, 합정을 지나면서 젊은 한국인들이 많이 오르내리는 것을 보면 '여기는 젊은 지역'이라고 느낄 것이다.

대중교통은 그 지역을 사는 사람들의 모습도 보여준다. 출퇴근 시간에 대중교통을 탔다면 '한국인들은 개인 공간(Personal Space)이 상당히 좁고, 서로 조금 부딪히는 것은 쿨하게 넘어간다'라고 느낄 수도 있을 것이다(나쁘게 말하면 서로 사과는 절대 하지 않는다고 생각할지도 모르겠다) 그래서 장거리가 아니라면 반드시 현지 대중교통을 이용해보며 그 지역의 과거와 미래, 그리고 사는 사람들에 대해서 한번쯤 생각해 보도록 하자.

하지만 아무래도 미국과 캐나다에서는 렌터카 이용 비중이 높을 수밖에 없다. 우리는 10살, 6살 아이를 데리고 있었고 비용과 효율성을 생각해보면 렌터카를 이용하는 것이 바람직하였다. 특히나 아이들은 차를 이용하면서 시도 때도 없이 화장실을 이용해야 하기도 하고, 컨디션 오르내림도 반복하기 때문에

LA공항 입구에서 우측 편으로 조금만 걸어가면 렌터카 업체들의 셔틀버스 정류장이 나온다

렌터카를 이용할 수 밖에 없는 또 한 가지 이유는 장기여행에 수반되는 많은 짐들이다.

차량 렌탈 레코드, 본인이 예약한대로 옵션이 들어
가 있고, 가격이 같은지도 반드시 확인해야 한다

아이들과 캠핑카로 누빈 미국 서부 캐나다

렌터카 이외에는 선택지가 없었다.

2달 여행이 다 지나고 나서 생각해보면, 렌터카는 단순히 짐을 편하게 옮기는 수단이 아니었고 우리 여행을 더욱 풍부하게 해주는 친구였다. 좀 오글거리긴 해도 '친구'라는 표현을 쓴 까닭은 아이들이 미국 여행동안 렌터카에 정이 들어서 한국으로 돌아갈 때 차를 가져가자고 떼를 쓸 정도였기 때문이다. 정을 잘 주는 아이들이긴 해도 기계에 이렇게 애틋한 감정을 느낄 정도로 우리 여행을 편안하고 안전하게 해주는 친구였던 것이다.

렌터카 이용을 위해서 가능하면 인터넷으로 미리 예약을 하자. 가격 비교 때문에 조금이라도 더싼 가격에 이용할 수 있다. 그리고 인터넷으로 예약했더라도 현지 사무실에 들러 차량 인수를 해야 하는데, 이 때 담당 직원이 각종 추가 옵션을 오퍼 한다. 영어가 자신 없다면 무슨 말을 하는지 잘 이해도 안 되고 불안이 증폭되기 마련이지만 필수적인 옵션은 인터넷으로 예약할 때 대부분 포함된다. 우리 가족에게 권유했던 것은 보험 종류의 업그레이드였는데 "라스베가스 가다가 타이어 펑크라도 나면 비용이 상당히 많이 들 것이다"라고 상당히 절박한 상황을 예시로 들곤 했다.

그런데 타이어 교환 주기는 빨라야 3만KM~5만KM이고 미국에서 빌렸던 3대의 SUV는 모두 2만KM 내외로 운행되었던 차였다. 한 번에 1만KM 이상 탈 일이 없으니 이 경우 타이어 걱정은 하지 않아도 되는 것이다. 그래서, 타이어 보험 옵션을 들기 전에 먼저 차량의 운행이력을 살펴보고, 4~5만 키로 되는 차를 인도받으면 차량 교체 요청을 하는 게 우선이다. 차량 교환이 여의치 않을 경우 그 때 추가 보험을 들고 인수하는 것이 가장 비용을 아끼는 방법이다.

연료 채우기

보통의 경우 렌터카는 인수할 때 연료가 가득 채워져 있다. 그래서 반납할 때도 가득 채워야 하는데, 렌터카 업체마다 '가득 채울 필요가 없는 옵션'을 팔고 있다. 이 옵션에 가입하면 10달러 내외로 돈을 내고, 반납할 때 연료가 어떤 상태이든 간에 상관하지 않고 반납할 수 있다. 하지만 휘발유 기준 1갤런(약 3.78리터)에 3달러도 하지 않는 북미의 유류비 덕에 웬만하면 이 옵션을 가입하지 않고 가득 채워 반납하는 것이 이득이다.

미국, 캐나다의 렌터카는 대부분 휘발유를 사용한다. 휘발유 가격이 워낙 싼 나라이다 보니 디젤을 이용하는 차는 특수한 경우에만 운영된다. 심지어 캐나다에서 빌린 7인승 RV(캠핑카)도 가솔린을 연료로 했다. 그래도 주유를 위해서는 본인의 렌터카가 어떤 유종을 사용하는지 반드시 확인하고 주유소에 도착하자. 한국에서 운전하던 습관은 무서워서, 나도 모르게 디젤 호스를 차에다 넣게 되는 경우가 많다.

그리고 또 한 가지 미국, 캐나다 자동차 이용 시 참고해야 할 점은 대부분 자동차의 연료주입구 커버는 '똑딱이'로 되어 있다는 것이다. 차량 내부에 커버를 여는 버튼이 없으며 고급 승용차도 웬만하면 직접 커버를 눌러서 여는 경우가 많다. 미국여행 첫 주유소에서 운전석 주변에 있을 것 같은 연료 커버 버튼을 한참 동안 찾았던 기억이 떠오른다.

휘발유는 한국과 마찬가지로 '옥탄가'를 기준으로 등급이 나뉘는데, '일반'과 '고급'으로 나뉘는 한국과 달리 3~4가지 등급으로 나뉜다. 옥탄가의 숫자가 높을수록 고급 휘발유이며 옥탄가가 낮은 휘발유를 사용하면 차량에 따라 엔진에서 이상연소가 일어날 수도 있다. 하지만 이상연소라고 해서 엔진에 심각

캐나다에서 빌렸던 대형 RV 역시 휘발유를 연료로 사용한다.

미국의 휘발유 주입기계. 옥탄가를 기준으로 여러 가격대별로 나누어져 있다.

한 무리가 가는 것은 아니고 출력이 낮아지는 정도이니 안심하자. 가끔 차량에 따라 자동차 제조사들이 옥탄가 얼마 이상을 사용하라고 권고문을 붙여 놓기도 하는데, 그 권고문에도 반드시 높은 옥탄가의 휘발유를 사용하지 않아도 된다고 안내되어 있는 경우가 많다. 즉, 어떤 휘발유를 사용해도 문제는 없으며, 비용을 아끼기 위해 가장 낮은 등급의 휘발유를 사용해도 무방하다고 해석하면 될 것 같다.

아이들 카시트는 필수

여행용 카시트를 이용하여 앉은 모습

아이들과 함께 여행할 때는 안전을 위해 반드시 카시트를 설치해야 한다. 특히 미국과 캐나다는 관련 법률이 엄격하여 카시트를 설치하지 않고 단속에 걸리면 큰 벌금을 내야 한다. 미국과 캐나다에서는 차에 어두운 색을 넣은 윈도우 티닝은 불법이다. 범죄예방을 위해 차량 내부가 훤히 보이도록 법으로 규제한다. 그래서 카시트를 하지 않고 탑승한 아이가 있다면 지나가는 경찰이 바로 알아챌 가능성이 높다.

그리고 단속에 걸리지 않기 위해서라기 보다는 안전을 위해서라도 카시트는 꼭 아이 인원수대로 가져가야 한다. 그리고 보통 항공사들은 유모차와 카시트는 별도의 수하물 요금을 수취하지 않기 때문에 한국에서 쓰던 카시트를 가져가는 부모들도 적지 않다. 그런데, 1주일~10일 정도 여행이면 쓰던 카시트를 가져가 볼만하지만 1달 이상 여행에 카시트까지 챙기면 짐이 너무 많아진다. 최근 유럽과 미국 안전성 테스트를 통과한 휴대용 카시트들이 많이 나오고 있으니, 검색 후 구입하는 것이 좋겠다.

주차시 주의할 점

주차할 때는 경계석을 잘 살펴야 한다. 미국에서 주차할 때 가장 주의해야 할 것은 '소화전'이다. 소화전 근처에 차가 없다고 주차를 하면 벌금이 이중 삼중으로 부과된다. 안전 시설을 막아 놓았다는 이유다. 소화전 주변 주차는 과속보다도 훨씬 많은 벌금을 내야 할 수 있으므로 상당히 주의해야 한다. 그리고 차도와 인도 경계석인 부분에 주차해서도 안 된다. 분명히 차가 드나드는 길목이거나 사람들이 지나는 인도와 연결되어 있는 곳이다. 이 부분 주차 시에도 벌금이 부과된다.

그리고 시간마다, 요일마다 주차 가능 여부가 변동되는 곳이 많다. 주변에 안내 표지판이 있는지 유심히 살펴봐야 한다. "경찰이 이 넓은 땅덩어리를 어떻게 다 살펴봐?"라는 생각은 오산이다. LA시만 하더라도 한 해에 불법주차 벌금으로 걷어들이는 세금이 2억 달러(원화기준 약 2천2백억) 내외일 정도로 주차 단속에 대해서는 타의 추종을 불허한다. 그리고 LA는 벌금부과 횟수도 무제한이다. 불법주차구역에 장시간 세워놓았을 경우 벌금이 2중 3중으로 부과되어 어마어마한 액수의 벌금을 낼 수도 있다. 애초에 불법주차할 생각은 말자.

하지만 주차해서는 안 되는 곳을 다 외우기 힘들고, 표지판도 전부 살펴보기 힘든 게 사실이다. 그럴 땐 경계석의 색깔을 잘 살피면 된다. 미국은 주차

사진 왼쪽의 경계석이
붉은 색이므로 주차금
지 구역이다

샌프란시스코의 경사
로. 우측 차들을 보면,
경계석 쪽으로 바퀴를
틀어놓은 것을 볼 수
있다.

금지 구역의 경계석을 빨간색으로 표시한다. 만약 내가 주차하려는 곳의 경계석이 빨간색이면 절대 주차하지 말아야 한다.

불법주차 말고도 유의해야 할 점이 또 한 가지 있다. 미국에서는 경사로에서 운전사 미탑승 차량이 미끄러지는 것을 방지하기 위해 주차 시 바퀴 방향을 법으로 정해 놓았다. 바퀴 방향은 경계석을 향해야 하는데, 즉 오른쪽에 경계석이 있으면 앞바퀴 방향을 오른쪽으로, 왼쪽에 있으면 왼쪽으로 틀어주어야 한다. 차가 미끄러질 경우에 경계석 방향으로 차를 유도하여 대형 사고를 방지하는 원리다. 만약 경사진 곳에 불법주차를 하고, 바퀴 방향마저 경계석을 향하게 두지 않았다면 아마 거의 한 사람 비행기 값이 벌금으로 부과될 지도 모른다.

신용카드 렌터카 업체와 제휴 검색

카드사마다 렌터카 업체와 제휴가 된 곳이 많다. 평소에 이용하지 않아서 혜택이 있어도 잘 모른다. 여행가기 전에 내가 갖고 있는 카드의 렌터카 제휴 항목을 검색해보자

하나 플래티넘 카드의 경우 Hertz와 제휴가 되어 있어, 멤버십을 'Gold Member'로 바로 업그레이드해 주고 차량 업그레이드 혹은 렌트비용 할인을 받을 수 있었다

꿀
떨어지는
Tip

카시트 설치는 의무

미국과 캐나다는 어린이/유아용 카시트 설치가 의무이다. 요즘은 미국/캐나다 안전성 테스트를 통과한 여행용 카시트가 아주 작고 가격도 저렴하게 잘 나온다. 한국에서 일상적으로 쓰는 카시트를 들고 가기가 부담된다면 여행용을 사서 가는 것도 좋은 방법이고, 혹은 미국에 도착하여 마트에서 저렴한 것을 구입하여 쓰는 것도 옵션 중 하나이다.

LA의 해변들

전 세계 어디를 가더라도 아이들에게 만족을 줄 수 있는 곳이 있다. 물 또는 모래가 있는 곳이며, 그 둘이 같이 있는 바다는 최고의 놀이터라 할 수 있다. 미국, 캐나다 두 달 여행을 준비하면서 숙소 위치를 LA 다운타운이 아닌 베니스 해변과 산타모니카 해변으로 잡은 것도 바다와의 접근성 때문이었다. 그리고 일정을 짜면서도 각 해변마다 하루를 통째로 배정했다. 여행지에서의 소중한 날들을 한국에서도 갈 수 있는 바다에 낭비했다고 볼 수도 있다. 하지만 LA 바닷가에 사는 현지인처럼 아이들과 첨벙거릴 수 있다는 것은 정말로 누구나 경험할 수 있는 것이 아니다. LA 시내의 좋은 쇼핑몰이나 맛있는 현지 맛집도 중요하지만 캘리포니아의 맑은 하늘과 몇 킬로미터씩 이어지는 방대한 모래사장에서의 여유로운 시간은 머리 속뿐만 아니라 마음 속에도 저장된다.

베니스비치, 머슬비치

베니스 비치는 LA의 해변 중에서도 아래쪽에 위치하고 있다. 해변은 30분 정도를 걸어야 될 만큼 길게 펼쳐져 있고, 주변에는 이색적인 길거리 상점들과 먹거리, 볼거리들이 많다. 그래서 조금 여유롭게 해변을 즐기고 싶다면 하루 정도 베니스비치를 위해 일정을 빼 두는 것이 좋다. 우리 가족은 평일에는 박물관, 미술관, 테마파크 등 사람들이 붐비면 제대로 즐길 수 없는 곳들을 배치했고, 주말에는 해변처럼 사람들이 북적거려도 즐거운 곳에 갔다.

메인 입구를 통해 베니스비치로 들어가면, 먼저 키 큰 야자수와 잔디밭이 이국적인 해변의 맛을 더욱 느끼게 해준다.

LA지역에는 요즘 스마트폰 앱으로 결제해서 빌려 타는 전동 킥보드가 흔하다. 베니스 비치는 워낙 넓기 때문에 전동 킥보드를 타고 구경하는 것도 좋은 방법이다. 길가에 세워져 있는 전동 킥보드가 있다면 가까이 다가가서 QR코드를 찍어보자. 그러면 결제할 수 있는 앱을 다운받을 수 있으며, 저렴한 비용으로 이곳 저곳을 돌아다니며 즐길 수 있다.

베니스 비치에는 작은 규모의 헬스장도 설치되어 있다. 이곳을 별도로 '머슬비치(Muscle Beach)'라고도 부르는데, 운동을 하기 위해서라기 보다는 근육을 뽐내기 위해서 많은 남자들이 운동을 하고 있다. 과거에 아놀드 슈왈츠제네거도 이곳에서 운동을 자주했으며 최근에 이곳에 돌아와 운동하는 모습을 언론에 비추기도 했었다.

머슬비치를 구경했다면 근처 농구 코트에서 수준 높은 동네농구(?)를 구경하는 것도 재미있다. 역시 농구의 본고장답게 많은 농구코트가 해변에 설치되어 있는데, 메인 코트에서는 지역 동호회들이 참가하는 농구대회가 자주 열린

베니스비치 메인 입구. 바로 모래
사장이 이어지지 않고 대리석 바
닥과 잔디 그리고 야자수가 관광
객을 맞아준다.

가장 근육이 우람했던 보디빌더.
계속해서 관광객의 시선을 모으
며 사진도 잘 찍어준다

아마추어 농구지만 많은 관람객을
모을 만큼의 경기력을 갖추었다

다. 프로 수준은 아니지만 일반인들의 농구도 그 운동량과 스킬에 깜짝깜짝 놀랄 정도이다. 20~30분은 넋 놓고 쳐다볼 수 있을 정도의 수준은 되니 많이 걸어서 피곤하다면 잠깐 구경하면서 쉬어 가는 것도 좋다.

해변과 나란히 길게 뻗어 있는 상점들에서는 다양한 기념품과 먹거리들을 판매하고 있다. LA나 California 로고가 박힌 여러 기념품들을 팔기도 하고 머슬비치의 영향으로 단백질이 들어있는 헬스 음료를 팔기도 한다. 그리고 상점 앞 공터에는 길거리 공연이나 퍼포먼스들이 항시 진행되니, 입맛에 맞는 공연이 있다면 구경해보자. 우리 가족이 방문했을 때는 앵무새와 카멜레온을 가지고 나온 현지인이 있었는데, 친절하게도(?) 카멜레온을 아이들의 머리에 얹어주어 색다른 경험을 해보기도 했다.

메인 입구를 나와 해변에서 조금 벗어나면 출출함을 달랠 수 있는 맛있는 간식들을 파는 상점들이 많다. 우리 가족은 구글지도 평점 기준으로 4점 이상인 곳만 찾아 다녔는데, 이렇게 하면 최소한 평균 이상의 맛을 보장받을 수 있다.

미국에서 구글지도를 활용해서 음식점을 검색해보면 음식의 카테고리가 멕시칸(타코/부리또), 아메리칸(팬케익/토스트), 타이/베트남, 차이니즈(뷔페식 TAKE-OUT) 그리고 고급 레스토랑으로 분류된다. 미국 전 지역이 그렇지는 않겠지만 대부분 이 카테고리를 벗어나지 않았다. 그러던 중 어떤 지역에서 이 카테고리를 벗어나는 한 음식점이 높은 평점과 함께 우리 눈앞에 나타날 때가 있다. 이 땐 정말 반가운 마음에 반드시 여행 일정에 그 음식점을 넣곤 했다.

그 중에서도 최근 한국에도 문을 열고, 언론에 많이 소개되었던 '에그슬럿'은 한 번쯤 가볼 만한 현지 음식점으로 추천한다.

에그슬럿은 계란을 주 재료로 하는 체인 음식점이다. 그런데, 다른 체인점

'에그슬럿'과 '베니스비치'가 만나
가게 안은 항상 사람들로 가득하
다. 그렇지만 회전율이 좋아 금방
자리가 나는 편이다.

에그슬럿의 대표메뉴인 슬럿
(slut). 방사한 닭의 알로 만들어
져 더 건강한 느낌이다

과는 다르게 하루에 정해진 양만 팔고 재료가 다 떨어지면 그 날은 더 이상 장사를 하지 않는다. 또, 재료가 남더라도 오후 4시면 문을 닫는다. 맛있는 음식점들 중에 이런 식으로 영업하는 곳들이 꽤 있는데, 이런 거만함(?)이 오히려 반갑다. 무언가 음식에 대한 자존심이 느껴진달까? 가능하다면 문을 닫기 전에 조금 일찍 서둘러서 방문하는 것이 좋다.

'에그슬럿'의 가장 유명한 메뉴는 계란 반숙 소스에 마늘빵을 찍어먹는 메뉴인데, 식사라고 하기에는 그 양이 아쉽다. 그래서 많은 사람들이 샌드위치와 함께 곁들여 먹는데, 샌드위치는 종류에 따라 6달러에서 9달러 사이이고 에그슬럿은 9달러이다. 샌드위치 하나에 에그슬럿, 그리고 3달러 내외의 음료와 함께 먹으면 총 20달러 정도 되므로 결코 싸다고 할 수 없는 패스트푸드 점이다. 크게 허기지지 않는다면 이곳에서는 '슬럿' 정도만 맛보고 어디서나 비슷한 맛을 내는 샌드위치는 생략하도록 하자. 참고로 슬럿은 아이들은 그다지 좋아하지 않는 맛이니, 엄마와 아빠만 살짝 맛봐도 좋다.

산타모니카

미국 해안가에는 '피어(Pier)'라고 불리는 부두가 설치된 경우가 많다. 해안에서 바닷가 쪽으로 많은 나무기둥을 박고 그 위에 판자를 올려 만들어 지는데, 산타모니카 해변에 있는 피어는 다른 것보다 크고 유명하다. 산타모니카 피어 위에는 먹을 것 입을 것 즐길 것들이 가득하고 수많은 사람들로 북적댄다.

피어 양 옆으로 펼쳐진 모래사장에는 수많은 인종들이 해수욕을 즐기고 있다. 캘리포니아 주는 멕시코와 국경을 마주하고 있기 때문에 히스패닉 인종이

산타모니카 피어를 받치고 있는 기둥들. 흔한 광경이 아니기 때문에 많은 사람들이 여기서 사진을 찍는다.

바다 쪽으로 길게 나와있는 피어 (pier)는 그 자체로 훌륭한 관광 지인 경우가 많다.

산타모니카 해변의 많은 사람들. 끝이 보이지 않는 백사장에 끝없 이 사람들이 몰려든다

많이 살고 있는데 특히나 산타모니카 해변에 유난히 히스패닉 인종이 많은 것 같다. 해변에 있으면 영어보다 스페인어가 더 많이 들리기 때문에 미국에 익숙해질 때 즈음 다시 외국에 와 있는 느낌을 가져다 주기도 했다.

해변에서 해수욕을 즐길 때 한 가지 주의할 사항이 있다. 사람들이 너무 많기 때문에 좀 더 여유로운 곳을 찾다 보면 피어 아래쪽으로 갈 수도 있는데, 이쪽은 파도가 밀려와서 휩쓸리면 자칫 기둥에 머리와 몸 등을 부딪혀 크게 다칠 수도 있다. 때문에 해안경비대원이 가끔 와서 이쪽으로 가지 말라고 경고를 주곤 하는데, 그 많은 사람이 통제가 잘 안 되는 느낌이었다. 또한 피어는 한국에서 볼 수 없는 시설이기 때문에 아이들이 신기해 하며 가까이 갈 수도 있으니 주의해야 한다.

산타모니카 해변에 갈 때는 여유롭게 즐기려는 마음으로 가면 안 될 것 같다. 우리나라로 치면 '해운대' 정도로 아주 유명한 해변이라, 관광객과 현지인들이 끝도 없이 몰려든다. 이 곳에서 숙소까지 우버를 타려고 했는데, 핸드폰이 잘 터지지 않아 시내 쪽으로 한참 걸어가서 우버를 불러야 했다. 우버 기사 역시 '여기는 사람이 많아 핸드폰이 안 터져요'라고 혀를 내두르기도 했던 곳이다. 그러니 해수욕 보다는 미국의 명물 해수욕장을 구경한다는 마음으로 방문하는 것도 좋다.

산타바바라

두 달 동안의 여행일정을 1년에 걸쳐 준비했지만, 그래도 여행이기에 항상 변수는 존재했었다. 캐나다 캘거리에서 샌프란시스코로 넘어가기 하루 전날

산타바바라 이스트 비치(East Beach)는 모래가 곱고 파도도 잔잔해서 여유로운 물놀이에 적격이다

밤, 다음 숙소를 체크하려고 에어비앤비에 접속했는데, 가슴이 철렁 내려앉았
다. 숙소가 취소되어 있었던 것이다. 큰일이었다. 당장 내일 아침 비행기를 타
고 샌프란시스코로 가야 하는데 샌프란시스코는 숙소를 구하기가 어렵기로
유명한 도시였고, 역시나 웬만한 호텔들은 이미 매진이었다. 에어비앤비에는
숙소가 좀 남아있었지만 그마저도 샌프란시스코 남쪽이었고, 주요관광지인
북부에는 너무 비싸고 평이 좋지 않은 곳만 남아있었다.

　새벽잠을 설치면서 몇 시간 동안 호텔 가격비교 사이트와 에어배인비를 뒤
지던 그 순간, 다행히 에어비앤비에 취소된 방이 하나 생겨서 얼른 예약을 했
다. 하지만 그 숙소는 당초 우리 여행 일정보다 하루 짧게 빌릴 수밖에 없었
고, 우리는 샌프란시스코에서 LA까지 해안도로를 타고 내려갈 계획이었기 때

주차를 하고 산타바바라 해변으로
걸어가는 길, 이 길에서부터 가슴이
벅차 올랐다

문에 중간에 하루를 머무를 곳이 필요했다. 그 곳을 우리는 '솔뱅'으로 정했다. 솔뱅에서 하루를 묵었기 때문에 LA로 돌아오는 드라이브 거리에 여유가 생겼고, 그 여유 덕분에 우리 가족은 산타바바라를 운명적으로 만났다. 그저 구글 지도를 보며 눈으로 가야 할 길을 체크하던 중, 언젠가 꼭 가보고 싶었던 해변인 '산타바바라'가 눈에 띄었던 것이다. 서두가 길었지만, 그렇게 운명적으로 산타바바라를 만났고, 지금은 LA 해변 중에서 가장 아름다웠던 곳으로 기억하고 있다.

비록 우리 가족은 산타바바라 해변에서만 여유를 즐겼지만, 산타바바라는 도시 전체가 이탈리아의 지중해 같은 느낌을 주는 곳으로 유명하다. 실제로 18세기에 스페인인들이 이 지역을 개발하기 시작해서, 하얀 벽돌에 붉은 지붕을 얹은 스페인 건축 양식 건물들이 많으며, 미국에서도 이국적인 도시로 분류된다. 그리고 요즘 각광받고 있는 캘리포니아 와인이 생산되는 지역으로도 유명하다. 시간이 허락한다면 스페인 건축양식의 정수인 '산타바바라 미션'에 가보길 추천하지만 와이너리에 아이들을 데리고 가는 것은 추천하지 않는다. 술과 관련된 곳이라는 것도 있지만 와이너리는 아이들에게 정말 지루한 곳이기 때문이다. 최고의 술을 빚어내기 위한 충분히 긴 시간과 온도 따위는 아이들에게 전혀 흥미거리가 되지 않는다. 그럴 바에 차라리 산타바바라 해변을 택하도록 하자. 어른들도 충분히 그 푸른 하늘빛과 파도소리에 취할 정도이기 때문이다.

산타바바라 해변을 따라 아름다운 저택들이 즐비한데, 이 또한 볼만한 구경거리다. 오프라 윈프리, 브래드 피트 같은 유명인들의 저택이 있기로 유명한 도시이니, 어느 저택이 누구 것일까 떠올려보며 해변가를 걸어도 좋겠다.

산타모니카 피어의 포토존

산타모니카 피어는 시카고에서 시작하여 LA까지 이어지는 2,400마일 길이의 도로가 끝나는 지점이기도 하다. 이 도로를 따라 1900년대 초 미국의 산업과 관광이 발전해 왔고, 이 도로의 이름을 딴 노래와 TV 쇼 때문에 연령대가 좀 있는 미국인들은 66번 도로 표지판을 보며 옛날 향수를 느낀다고 한다. 더구나 1985년도에 새로운 고속도로 시스템이 들어오면서 66번 도로는 'End of the Trail'이라는 표지판을 남기고 역사 속으로 사라졌다. 때문에 산타모니카 피어 위의 이 표지판에서 많은 사람들이 기념 사진을 찍는다.

산타모니카 피어의 자파독(Japadog)

산타모니카 피어 위에는 유명한 푸드트럭들도 가득하다. 그 중에서 'Japadog'이라는 퓨전 핫도그는 많은 사람들이 줄서서 맛을 본다. 일본식 퓨전 핫도그이기 때문에 소스에 따라 '데리마요 핫도그', '오코노미 핫도그', '오요시 핫도그' 등으로 분류된다. 우리가 한번 쯤은 먹어봤던 익숙한 맛이어서 출출할 때 사먹으면 실패 확률이 낮다.

페이지박물관 정원. 타르 속에 아빠 코끼리가 빠져 있는 다소 슬픈 장면이 우리를 맞이 한다

페이지 박물관(La Brea Tar Pits)

아이들은 이곳을 무조건 좋아한다. 그러니 LA일정을 계획할 때, 자연사박물관과 더불어 반드시 들러야 할 곳으로 추천한다.

LA 중심가에 위치한 이 박물관은 실제로 타르가 샘솟는 곳에 위치하고 있다. 박물관 근처에 가면 코를 찌르는 타르 냄새를 맡을 수 있는데, 수 천 년 전부터 타르 수렁이 형성된 곳이라고 한다. 타르 수렁은 겨울에는 굳어서 땅처럼 지나다닐 수 있었는데, 여름에는 타르가 녹아 무심코 지나가던 동물들이 빠져

박물관 정원 곳곳에서 샘솟는 타르, 나무로 찔러보며
점성을 느껴볼 수도 있고, 퀴퀴한 냄새도 맡을 수 있다.

죽었다고 한다. 그런데 이 타르는 동물들의
사체를 훼손 없이 보존하였고, 지금은 이곳을
세계 최대의 화석 매장지로 만들어 주었다.

아직도 박물관 정원에는 곳곳에 타르가
샘솟고 있고, 아이들은 나무 막대기 같은

아이들이 가장 오래 관심을 보였던 '타르 점성 체
험' 기구. 타르에 빠진 쇠봉을 들어올리기는 무척
어렵다

것으로 쿡쿡 찔러보며 타르를 체험할 수 있다. 우리 아이들은 이곳이 아주 인
상 깊었는지 여행을 마치고도 '미국'하면 연상되는 단어가 '타르'일 정도다.

특히 이 박물관에는 빙하기의 동물 화석들이 많이 전시되어 있는데, 우리
가 영화 '아이스에이지'에서 자주 봤던 매머드, 스밀로돈(검치호), 다이어울프
등의 화석을 직접 볼 수 있다. 아이들의 호기심을 위해서는 여행 전에 미리 '아

다른 박물관보다 비교적 여유로운 타르 박물관. 하지만 볼거리가 부족하지 않다

이스에이지' 한 두 편 정도 관람을 추천한다. 아이들이 화석을 대하는 태도부터 달라진다.

박물관은 비좁지 않고 상당히 여유롭게 구성되어 있어서 무척 맘에 들었다. 관람객들이 서로 뒤엉켜 무엇을 보러 왔는지도 모른 채 관람이 끝나는 박물관이 어디 한 둘이었는가? 그리고 아이들이 직접 만지고 느껴볼 수 있는 체험기구도 많이 있다. 특히나 타르를 담은 통에 쇠막대를 넣어서 당겨보는 체험기구는 모든 아이들에게 인기가 많았다. 별 것 아닌 체험 같았지만 우리 아이들에게 여행을 통틀어 가장 기억에 남는 체험 중에 '타르 당기기'는 항상 들어갔다. 당기기 힘든 타르를 힘껏 당겨보면서 타르에 빠진 동물들이 탈출하기 얼마나 힘들었을지 설명해주면 교육효과가 일석이조다.

타르핏 박물관의 주차비는
주변에서 가장 저렴한 편

　타르핏 박물관의 주차비는 15달러로 LA중심가 치고는 아주 저렴하다. 평일에 간다면 그리 붐비지 않은 편이고 주말엔 좀 서둘러서 가야 자리가 있다. 타르핏 박물관은 LA카운티미술관(LACMA)과 바로 붙어 있어, LA카운티미술관도 일정에 있다면 타르핏 박물관과 같은 날짜에 방문하는 것을 권장한다. 주차비도 아끼고 무엇보다 동선을 줄일 수 있다.

LA카운티미술관은 아이들이
어리다면 다음 기회에

　LA카운티미술관은 줄여서 '라끄마(LACMA)'로 읽기도 하는데, 미국 서부에서 가장 큰 미술관 중 하나이다. 피카소, 세잔, 렘브란트 등 미술책에서 소개되던 화가들의 작품을 직접 볼 수 있고, 17세 이하는 관람료가 무료다. 그리고 그 규모가 너무 커서 하루에 다 볼 수 없을 정도이다. 그런데, 거장들의 작품들이 늘 그렇듯 아이들에게는 큰 감흥이 없을 수 있다. 아이들에게는 오히려 팝아트와 같은 현대 미술이 더욱 호기심을 자극하기 때문에 The Broad(더브로드)와 같은 미술관을 추천하고, 그래도 아쉽다면 건물 외부에 전시되어 있는 유명한 작품인 Leviated Mass와 Urban Lights 정도를 보며 기념사진을 찍어보면 되겠다.

LACMA 외부에 전시된 Leviated Mass와 Urban Lights

LA자연사박물관

한달 이상 장기여행의 장점은 무엇보다 '시간'이므로, 다른 여행자와 차별적인 여행을 하기 위해서는 '평일'을 잘 설계해야 한다. 평일 중에서도 '구글지도'를 이용하면 어떤 시간이 붐비는지도 알 수 있다. 예를 들어 'LA자연사박물관'을 구글지도로 검색하면 연중무휴인 것을 알 수 있고, 평일 중에서도 화요일과 수요일에 그나마 덜 붐비는 것도 알 수 있다.

LA자연사박물관은 같은 평일이라도 목요일과 금요일에 좀 더 붐빈다. LA 지역 학교들이 주로 목, 금에 필드트립(현장학습)을 시행하기 때문이다. 이 요일들을 피해 우리 가족은 월요일에 박물관을 방문하였는데 공룡 화석 하나 하나를 자세히 보면서 관람할 수 있었고, 사진도 넉넉히 여유롭게 찍을 수 있었다.

아마도 많은 사람들이 '자연사박물관'하면 으레 '공룡화석'을 떠올린다. 하지만 이것이 전부는 아니다. 말 그대로 '자연의 역사'를 모두 볼 수 있는 곳이

구글지도로 장소 검색을 하면 주소와 홈페이지는 물론 요일별 인기시간대도 알 수 있다

LA자연사박물관 입구. 트리케
라톱스를 노리고 있는 티라노
사우루스가 위풍 당당하다.

아이들이 가장 좋아하는 티라
'노사우루스 형제 세 마리

며, 관람객에게 얼마나 다양한 자료로 그
역사를 설명하는지가 박물관의 평점을
결정한다. 이런 면에서 LA자연사박물
관은 LA여행 시 반드시 들러야 할 곳
이라 생각한다.

고생대부터 신생대에 이르기까지의
공룡, 매머드와 같은 동물 화석들과 오스
트랄로피테쿠스부터 현생 인간에 이르기까
지 각 시기별 인류의 유골도 전시한다. 그리
고 현재 지구에서 인간과 함께 사는 동물들

지하층에 있는 Nature Lab. 작은 투명관 하나
하나에 아이들의 관심을 끌 만한 것들이 채워져
있다

의 모습을 보여주며 '멸종위기'가 얼마나 무서운 것인가에 대해 진중한 경고
의 메시지도 들려 주고 있다. 사라져간 동물인 공룡을 보며 현재 동물들이 공
룡처럼 될 수 있다는 묵직한 스토리가 박물관 전체에 걸쳐 전달된다.

아이들이 가장 좋아하는 공룡만 놓고 보더라도 공룡 알 화석에서부터 새끼
공룡, 익룡, 해양공룡까지 전시하고 있으며, 특히 2살, 14살, 17살의 티라노사
우르스를 한 장소에 전시하여 성장해 가는 티라노사우루스를 관찰할 수 있게
하였다.

이렇게 박물관 1층(Level1)과 2층(Level2)에 걸쳐 지구에 살아왔던 동물들에
대해 전시하고 있는데, 모두 관람하고 나서 시간적 여유가 된다면 지하(Level
G)에 있는 'Nature LAB'도 들려보자. 현재 우리 주변의 다양한 동물들에 대해
더 잘 이해할 수 있도록 각종 재미있는 교구를 이용하여 설명하고 있다.

꿀
떨어지는
Tip

LA자연사박물관에서 배가 고프다면

　　LA자연사박물관 지하1층에는 푸드코트가 있다. 간단한 피자와 샐러드를 팔고 있는데, 맛이 그렇게 좋지는 않다. 자연사박물관 바로 옆에는 무료로 관람할 수 있는 '사이언스센터'가 있는데, 이 곳 푸드코트가 훨씬 크고 음식도 다양하다. 자연사박물관 관람에는 넉넉잡고 4시간이면 되는데, 오전에 일찍 가서 관람을 하고 사이언스센터 푸드코트에서 점심을 해결하면 자연스럽게 오후 일정이 사이언스센터 체험이 될 것 같다. 단, 사이언스 센터는 입장 자체가 무료라서 체험할 수 있는 '퀄리티'에 한계가 있다. 항상 시즌별로 유료 전시회도 함께 열고 있으니, 홈페이지에서 전시 주제를 살펴본 후 관심 있는 분야라면 도전해보자.

베니스 운하. 조도량이 높은 캘리포니아 하늘을 배경으로 어딜 찍어도 '인생샷'을 건질 수 있다

베니스 운하

베니스 메인 비치에서 좀 더 남쪽으로 해변을 따라 내려오면 아름다운 인공 운하 마을에서 산책을 즐길 수 있다. 1900년대 초 미국 갑부인 '에보 키니 (Abott Kinney)'는 이 지역 일대를 사들여 이탈리아 베니스처럼 꾸며 놓았다. 현재는 운하 주변에 고급 주택 단지가 들어서서 산책하며 기념사진 찍기에 더 없이 좋은 환경이다. 평일 주말 할 것 없이 많은 연인들과 가족들이 사진촬영을 위해 이곳을 방문한다.

사진을 찍었다면 이곳을 만든 이의 이름을 딴 '에보키니대로(Abbot Kinney Road)'를 걸어보자. 도로를 따라 양 옆으로 아름답고 예쁜 상점들이 즐비하다. 그리고 건물 사이의 벽들은 사진배경으로 훌륭한 역할을 하고 있다.

에보키니대로에서는 이 지역에서 탄생한 유명한 커피 체인점 '블루보틀'을 만나볼 수 있다. 신선한 원두로 바리스타가 직접 핸드드립으로 제조해주는 커피를 들고 주변 산책을 하면 LA 로컬이 된 기분이다. 아이들을 위해 레모네이드 메뉴도 판매하고 있으니 참고하자.

꿀
떨어지는
Tip

LA 핫 커피숍

요즘 LA지역에서 핫한 커피숍은 블루보틀, 인텔리젠시아, G&B, 인터스텔라 등이 있다.

에보키니 주변에는 블루보틀과 인텔리젠시아가 있어, 두 군데 모두 맛을 볼 수 있다. 카페라테를 기준으로 보자면, 블루보틀은 우유 비중이 좀 더 높아서 커피가 전체적으로 연한 느낌을 준다면, 인텔리젠시아는 커피의 비중이 좀 더 높아 진한 커피향을 느끼며 카페라테를 즐길 수 있다. 개인들의 기호에 따라 선호가 갈리겠지만, 요즘 뜨는 커피숍 중 2군데를 즐길 수 있는 기회이니 과감히 도전해보자.

공항처럼 들고 있는 짐을 검사한다. 삼각대, 셀카봉 등은 반입 금지 품목이다

더 게티 센터(The Getty Center)

　게티 센터는 LA시내 어딜 가더라도 광고 현수막을 쉽게 찾을 수 있을 정도로 유명한 곳이다. 우리 가족의 LA 첫 숙소가 LA 남서쪽 끝인 베니스 비치 근처였지만 가로등마다 'Getty Center' 현수막이 걸려 있었다. 게티 센터는 전시 테마가 바뀔 때마다 친절히 LA 전역에 현수막 광고를 한다. 무엇보다도 높은 퀄리티의 전시장 입장료가 무료니 한국사람으로서 부럽기까지 했던 전시장이었다. 부럽기만 하면 진다고 했던가, 내 두 눈에 담고 아이들 마음에 담아주려고 부단히 노력했던 곳이다.

　다시 말하지만 게티센터 입장료는 무료다. 물론 특별 전시가 이뤄지고 있

지하철 플랫폼처럼 생긴 곳에서 무료 트램을 기다리고, 이용하면 된다

는 공간은 추가 요금을 내야 하지만, 다른 무료 전시들도 퀄리티가 아주 좋기 때문에 굳이 관심 있었던 주제가 아니라면 무료 전시회만 볼 것을 권한다. 무료만 다 보기 위해서도 하루는 꼬박 걸리기 때문이다.

　게티센터의 주차장 요금은 15달러이며 오후 5시 이후로는 10달러이다. 하지만 오후 5시에 가서는 걸작들을 다 볼 수 없으니 되도록 아침 일찍 가기를 권한다. 게티센터와 게티센터의 주차장은 거리가 상당히 떨어져 있다. 주차공간에 주차를 한 다음 전용 트램을 타고 전시장으로 이동하는 시스템이다. 주차는 P1층부터 P7층까지 아주 넓은 공간으로 이뤄져 있다. 적당한 곳에 주차하고 트램을 타는 T1층으로 엘리베이터를 타고 이동하면 된다.

　그런데 T1층에 내리면 바로 공항 검색대처럼 꾸며진 곳에 사람들이 줄을

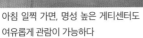

아침 일찍 가면, 명성 높은 게티센터도
여유롭게 관람이 가능하다

게티아트 센터의 또 다른 매력은 미술 전시관
한 구석 한 구석이 그림 엽서 같다는 것이다

서서 기다리는 모습을 볼 수 있다. 안전을 위한 품목 검사대인데 여기서 일부
시간이 지체된다. 여기서는 폭발물뿐만 아니라 삼각대와 셀카봉도 반입 금지
품목으로 정해져 있다. 반입 금지 품목은 차에다 두고 오라고 안내하며 혹은
짐 보관소에 물품을 맡기고 나중에 찾을 수 있다. 그런데 공항처럼 모든 짐을
꼼꼼하게 체크하는 편은 아니기 때문에 많은 관광객이 아트센터 내로 셀카봉
을 들고 들어가고 있다. 명화 앞에서는 꼭 자신의 얼굴과 함께 사진을 찍고 싶
어하는 관광객이 있고 항상 직원들이 이를 제재하니 가능한 셀카봉은 가지고
가지 말자. 긴 막대 물품은 전시물을 상하게 할 수도 있기 때문에 생겨난 룰이
니 지키는 게 도리다.

간단하게 펼 수 있는 피크닉 매트를 지참하자. 미국, 캐나다 여행 내내 유용하게 썼다.

게티센터 지하에는 간단한 음식을 먹을 수 있는 카페테리아도 마련되어 있다

스테인드글라스 작품인 'The Virgin and Child'. 구형 아이폰으로 상세한 설명이 흘러나온다

게티센터에서는 각국의 언어로 된 가이드북과 오디오 가이드를 무료로 대여 가능하다. 그런데 한국인이 많아서인지 우리 가족이 갔을 때는 한국어 가이드북이 없었다. 우리 부부는 관광지마다 항상 아이들에게 가이드북을 주며 보물찾기 하듯이 볼 것을 스스로 찾게 한다. 그런데 이 큰 보물찾기 장소에 가이드북이 없어 내심 아쉬웠다. 아쉬움을 머금은 채 신분증을 맡기고 한국어 오디오 가이드를 빌렸는데 이게 웬일인가. 구형 아이폰으로 만든 오디오 가이드에는 디지털 지도가 들어 있었다. 사람 수대로 오디오 가이드를 끼고 디지털 지도로 작품을 찾아

다니며 아주 편리하게 게티센터를 관람할 수 있었다.

오디오 가이드를 제공하고는 있지만 아직까지 설명하는 작품의 수가 그렇게 많은 편은 아니다. 좀 더 많은 작품의 설명을 제공했으면 하는 아쉬움이 남았지만 고흐, 렘브란트, 마네, 르누아르 등 미술책에서만 보던 거장들의 작품을 관람할 수 있는 좋은 기회였다. 아이들에게도 폴 게티라는 아저씨 덕분에 우리가 이렇게 좋은 작품을 무료로 관람할 수 있는 것이라고 설명하며 베푸는 삶의 방법을 또 한 가지 소개할 수 있었다.

게티아트 센터는 미술 작품도 작품이지만 전시관도 무척이나 아름답게 구성되어 있다. 삼각대와 셀카봉을 사용하지 않는다면 얼마든지 사진촬영도 가능하게 해주어서 관광객들은 여러 작품과 전시실을 배경으로 자유롭게 사진을 찍는다.

관람 중간에 배가 출출하다면, 지하에 마련된 카페테리아를 이용해보자. 카페테리아가 답답하다면 탁 트인 잔디밭이 있으니 잔디밭에서 경치를 감상하며 식사를 할 수도 있다. 게티아트센터는 언덕 꼭대기에 마련되어 있어 풍경도 이만저만 좋은 것이 아니다.

잔디밭은 정원과 이어져있는데 '센트럴 가든'이라고 불리는 이곳은 꽃의 미로와 연못이 조성되어 있다. 많은 관광객이 관람을 마치고 혹은 관람 중간에 이곳에서 사진을 찍으며 휴식을 취한다. 그래서 게티센터를 관람할 때는 오전에 관람객이 몰리기 전에 미술 작품들을 먼저 감상하고 오후에는 정원들을 돌아보며 힐링을 하는 것도 좋은 시간 배분 방법이다.

게티센터 알차게 이용하기

　아침 일찍 도착한다면 게티센터를 하루만에 보는 것도 가능하다. 동선은 건물 단위로 짜자. 왼쪽 첫 번째 건물부터 1층에서 꼭대기 층까지 다 본 뒤, 그 다음 건물로 이동하는 식이다. 건물마다 시대적 배경이 다르고 장소도 달라 마치 새로운 전시회가 계속되는 기분이다. 그리고 유모차를 갖고서도 편하게 관람할 수 있으니 참고하자.

　아이들은 현대미술에 더 끌린다. 아무래도 게티아트센터의 명작들은 최소 100년전에서 기원전까지 거슬러 올라 가기 때문에 이럴 때는 한국어 오디오 가이드를 채워주자. 각 건물마다 주요 작품들에 다가가면 한국어 설명이 나오는데, 꽤 재미있게 설명을 해주는 편이다. 더구나 오디오 가이드가 준비된 작품을 디지털 지도로 위치를 안내하고 있다. 아이들에게 오디오 가이드 작품이 어디 있는지 찾게 하는 재미를 주면서 설명도 듣게 하면 억지로 관람하게 하는 것보다 흥미를 유발할 수 있다. 단, 한국어 오디오 가이드는 많지 않기 때문에 아침 일찍 도착하여 오디오가이드를 확보하자.

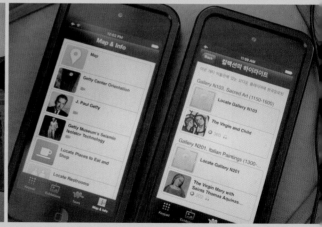

LACMA, The Broad 미술관

LA카운티미술관(LACMA, Los Angeles County Museum of Art)

게티센터와 더불어 미국 서부에서 가장 수준 높은 전시를 하는 미술관이 바로 '라끄마(LA카운티미술관의 애칭)'이다. 핸콕 공원 안, 무려 6개의 건물로 이뤄진 이 미술관은 한국관까지 갖추고 있다. 그런데도 17세 이하 학생은 무료이고 어른은 15달러 밖에 받지 않는다. 게티아트센터처럼 무료는 아니지만 이정도 급의 전시가 15달러이면 거의 무료라고 봐도 무방할 정도이다. 우리 가족은 역시나 사람이 덜 붐비는 시간을 고르기 위해 수요일로 방문 일정을 잡았다가 매주 수요일이 휴관인 것을 뒤늦게 발견하고 일정을 수정했던 곳이다.

LA카운티미술관에서는 게티센터에서 볼 수 있는 작가들의 다른 작품들은 물론 피카소의 작품과 이집트, 중국의 고대 유물들까지 전시하고 있다. 하지만 게티센터를 미리 둘러봤다면 아이들을 데리고 LACMA까지 가는 것이 아이들 입장에선 지루할 수 있다. 어른들이야 그만큼의 눈 호강이 없을 테지만 또 한 번 벽에 걸린 유화들을 지켜보라는 것은 아이들에게는 곤혹스런 일이다. 그래서 짧은 일정으로 아이들을 데리고 LA 미술관들을 돌아보려면 게티센터를 먼저 볼 것을 추천하고 그 다음 LACMA의 외부 전시물들을 본 후 현대 미술 중심의 'THE BROAD'미술관을 둘러볼 것을 추천한다.

LACMA외부에는 유명한 전시물이 두 가지가 있는데 하나는 큰 바위를 지하터널에 걸쳐 놓은 형상인 '부유하는 돌(Leviated Mass)'이며, 또 하나는 202개의 가로등을 재활용하여 만든 '도시의 불빛(Urban Light)'이다. 특히 Urban Light는 사진 명소로 유명한데 입장료를 내지 않아도 감상할 수 있어 오가는

LACMA 외부에 전시된 미술품인 'Levitated Mass', 왔다갔다 하며 사진찍는 재미가 있다

LACMA의 명물인 Urban Light, 밤에는 관람객뿐만 아니라 관광객까지 모여 사람 없는 사진을 찍기가 쉽지는 않다

많은 사람들이 사진을 찍는다. 밤이면 등불도 켜져서 더욱 환상적인 분위기를 연출하며 LA에 왔다는 '인증샷'을 남기러 수많은 관광객이 몰려드는 곳이다.

The Broad 미술관

더 브로드 미술관은 미국 여행을 준비하며 가장 기대한 곳 중에 하나이고, 실제로 아이들과 우리의 만족도도 가장 높았던 미술관이기도 하였다. 더 브로드는 MOCA(The Museum of Contemporary Art) 건너편, 디즈니 콘서트홀 옆에 위치하고 있다. MOCA는 서부지역 최대 규모를 자랑하는 미술관인데, 요즘은 MOCA보다는 그 건너편의 더 브로드 미술관이 인기가 더 많다. 아무래도 MOCA는 1980년대 현대미술 작품이 주로 전시되어 있는 반면, 더 귀엽고 화려한 작품들은 더 브로드에 전시되어 있어서 그런 것 같다. 그리고 무엇보다 더 브로드는 관람료가 무료이다. 미리 예약을 하고 간다면 정해진 시간에 입장이 가능하며 예약을 하지 않고 간다면 좀 오래 기다려야 한다. 뜨거운 햇살이 내리쬘 때면 기다리는 관람객들을 위해 미술관에서 양산도 빌려준다.

더 브로드는 LA 다운타운에 위치하고 있어 주말에 가면 주차하기가 어렵다. 무료주차장은 거의 없으니 굳이 애써 찾지는 말자. 주변에 공영주차장이 많기는 하지만 구시가지의 오래된 주차장들이기 때문에 그리 깔끔한 편은 아니다. 좀 더 깔끔한 곳을 원한다면 디즈니 콘서트홀 주차장을 추천한다. 하루종일 주차비가 20달러로, 더 브로드 건물의 주차비보다 이 곳이 좀 더 저렴한 편이다.

더 브로드 미술관 앞. 왼쪽
이 예약자, 오른쪽이 현장
방문자들이 줄을 서는 곳
이다.

네오팝을 대표하는 작가 '제프 쿤스(Jeff Koons)'의 작품
인 '튤립(Tulip)' 이 작품의 낙찰가는 3천3백만 달러이다

관람하는 모습을 사진에 담으면 그 또한 하나의 좋은 작품
이 된다

Your body
is a
battleground

더 브로드가 유명해진 것은 관람료가 무료라는 것 말고도 '인피니티 미러룸(Infinity Mirrored Room)' 덕분인데, 사방이 유리로 되어 있고 아름다운 별빛이 가득 차 있는 환상적인 방이다. 더 브로드를 방문한 거의 모든 사람이 이 곳에서 셀카를 찍는다. 이렇게 인기 있는 방이기 때문에 줄을 서서 입장을 했더라도 이 방에 들어가기 위해 또 한 번 순서를 기다려야 한다.

입장 순서가 왔다면 들어가자 마자 미러룸으로 향하자. 일찍 들어갔다면 바로 볼 수 있지만 조금 늦게 들어가더라도 걱정할 필요는 없다. 기프트샵 앞쪽에 웨이팅 리스트 작성을 위한 아이패드가 놓여져 있다. 연락처를 등록해 놓으면 얼마나 기다려야 하는지 알려주며 또한, 관람 순서가 됐을 때 문자로 연락을 준다. 등록을 해놓고 다른 작품을 감상하고 있으면 힘들지 않게 미러룸을 관람할 수 있다. 로밍 했다면 82 - 10 - XXXX - XXXX식으로 등록해야 하며, 현지 유심이면 그 번호 그대로 등록하면 된다.

미러룸을 관람했거나 관람을 위해 예약을 했다면, 2층에 있는 전시관으로 올라가자. 에스컬레이터에 내리자 마자 보이는 거대한 '튤립(Tulips)' 작품은 아이들의 시선은 물론 어른들의 시선도 사로잡는다. 앞, 뒤, 옆 어디서 찍어도 인물사진 배경으로 손색이 없고, 이런 작품들이 넓은 전시공간 곳곳에 위치하고 있다.

더 브로드는 한 번에 관람할 수 있는 인원을 통제하기 때문에 비록 관람 전에 오래 기다리더라도 관람하는 동안은 시간과 공간 모두 상당히 여유롭다. 관람을 하다 보면 특정 섹션에서 우리 가족끼리만 있는 경우도 있는데 이럴 때는 그 섹션 전체를 배경으로 사진을 찍으면 그 또한 하나의 작품이 된다.

각 섹션에는 더 브로드 직원들이 서 있다. 이 직원들은 관람객에게 먼저 다가와서 작품에 대해 설명을 권유하기도 한다. 우리 가족의 경우에는 아이들이 자유롭게 작품의 모양을 몸으로 따라 하기도 했고, 설명 보다는 직접 오감으로 느끼는 것이 더 좋을 것 같아서 설명을 정중히 거절했다. 그러자 그 직원은 고맙게도 "언젠간 아이들이 너희 부부한테 고마워할 거야"라고 센스 있게 우리 부부를 응원해 주기도 하였다.

각종 여행전문 책자 중에 '더 브로드' 미술관을 소개하는 곳은 드물었다. 그래서 우리 가족의 기대도 그리 높지 않았는지도 모르겠다. 하지만 바로 건너편에 위치한 MOCA와 비교해봤을 때 아이들의 만족도는 훨씬 높았다. 만약 LA 다운타운을 방문할 계획이라면 방문시간을 미리 예약해놓고 꼭 들러보도록 하자.

꿀 떨어지는 Tip

LACMA의 넓은 잔디밭을 이용해보자

LACMA의 Urban Light 앞에는 잔디밭이 조성되어 있다. 따뜻한 캘리포니아 햇살 아래 현지 사람들과 망중한을 느껴볼 수 있다. 그리고 그 앞에는 작은 무대가 조성되어 있어, 클래식 공연뿐만 아니라 팝송 공연 등도 자주 열린다. 여긴 미세먼지가 없으니 간단한 도시락을 챙겨가서 먹으며 아이들이 맘껏 뛰어놀 수 있도록 하자. 정말 소중한 순간이 될 것이다.

infinity mirrored room에서 사진 찍기

가장 중요한 사실. Infinity mirrored room의 관람시간은 한 사람당 45초씩 제한이 있으며 2명이 같이 들어간다면 90초가 아니라 여전히 45초 제한이 걸린다. 아무리 양해를 구해보아도 소용없으니 힘 빼지 말자. 4인 가족의 사진을 찍는 가장 좋은 방법은 어른-아이 2인 1조로 2번 들어가서 사진을 찍는 것이다. DSLR을 들고 갔다면 방이 어둡기 때문에 기계가 지원하는 최대한의 ISO로 설정하고 조리게도 최대로 개방하자. 후보정을 할 예정이 있다면 노출은 -2.0정도까지 낮추어 셔터 스피드를 최대한 확보하자. DSLR로는 아이를 먼저 찍어주고 함께 셀피를 찍을 때는 핸드폰을 이용하자. 그러면 45초 동안 알차게 사진을 찍을 수 있다. 삼각대와 셀카봉은 사용할 수 없으니 가져가지 말자. 전시품의 안정을 위해 철저히 금지하고 있다.

'통째로 빌렸어'라는 말을 할 수 있을 정도로 여유로운 그리피스 공원

그리피스 공원, 그리피스 천문대

많은 사람들이 LA 여행에서 반드시 가봐야 할 곳으로 그리피스 천문대를 꼽고, 천문대라서 그런지 보통 저녁에서 밤 사이에 방문한다. 짧은 여행일정이라면 야간에 그리피스 천문대만 잠깐 관람하고 다른 장소로 이동해도 괜찮다. 하지만 가족들과 여유로운 일정을 보내고 싶다면 반나절 정도 할애해서 낮에는 그리피스 공원에서 놀며 쉬다가 저녁 즈음 천문대를 방문하는 일정을 짜보자.

그리피스 공원은 영화나 드라마에서 보던 '잔디밭의 피크닉'을 도전해보기에 적당한 장소이다. 공원에는 LA동물원과 승마장, 골프클럽과 수많은 트래킹

코스 등이 있지만 그런 시설들은 일부로 찾지 않는 한 보이지 않을 정도로 녹지가 넓다. 그렇기 때문에 천천히 차를 타고 둘러보다가 마음에 드는 곳을 골라서 망중한을 즐기면 된다.

그리피스 공원 초입 쪽에는 두더지가 상당히 많이 있다. 정원을 가꾸는 미국인들에게 이 두더지는 상당한 골칫거리인데, 한국 사람으로서는 마냥 신기하고 귀엽기만 하다. 우리 가족은 큰 놀이터가 있는 천문대쪽 공원보다 두더지가 살고 사람이 없어 조금 한적한 공원 초입 잔디밭에 피크닉 매트를 폈다. 사실 두더지를 직접 본 적이 없었기 때문에 어디서 볼 수 있는지도 몰랐고 5분 정도 찾아보다가 포기했다. 아이들은 넓은 잔디밭에서 한가롭게 뛰어놀고, 우리 부부는 대자로 뻗어 캘리포니아의 푸른 하늘을 바라보고 있었다.

그런데 실컷 뛰어놀고 돌아온 아이들이 캠핑 매트쪽으로 걸어오다가 '어? 얘가 두더지야?'라고 소리쳤는데, 정말로 두더지가 땅을 파면서 땅 위로 나오고 있었다.

등잔 밑이 어둡다고 했던가. 매트 바로 옆에서 두더지는 열심히 땅굴 밖으로 흙을 퍼나르고 있었고, 아이들이 바로 옆에서 관찰을 해도 아랑곳하지 않고 묵묵히 땅굴 공사만 했다. 그 모습이 너무 귀여워 동영상과 사진을 찍으며 한참을 놀다가 어느덧 굴을 다 팠는지 더 이상 흙을 퍼내기 위해 밖으로 나오진 않았다. 우리는 다시 몇십 분을 잔디밭에 누워 뒹굴거리다가 해가 뉘엿뉘엿 지자 자리를 접고 그리피스 천문대로 향했다.

천문대로 올라가는 초입의 주차장도 전부 만차였다. 혹시나 희망을 품고 천문대 쪽으로 차를 몰고 올라갔다. 그리피스 천문대로 가는 구불구불한 산 길을 따라 2차선 갓길에 주차장이 형성되어 있기 때문에 올라가는 길에 주차 공간을 찾지 못하면 다시 산을 내려가면서 주차 공간을 봐야 한다. 내려가는 길

에서도 못 찾으면 다시 한 바퀴를 돌아야 한다.

그런데 차를 몰고 올라가면서 보니 중간 중간에 떠나는 사람들이 종종 보였고, 정상 근처에서도 어렵지 않게 주차공간을 찾을 수가 있었다. 해가 완전히 진 이후에는 천문대와 LA 야경을 보려는 관광객이 엄청나게 몰려오지만 해지기 전에는 그나마 주차가 수월한 편이었다.

많은 관광객들이 그리피스 천문대에 오면 그리피스 천문대 건물을 배경으로 사진을 찍고, 한 바퀴 돌아본 다음 옥상으로 올라가서 야경을 본

오르내리는 길이 유턴을 하기에는 좁은 길이다. 주차장을 찾지 못하면 계속 빙글빙글 도는 수밖에 없다.

아이들과 캠핑카로 누빈 미국 서부 캐나다

그리피스 천문대는 야경 뿐만아니라 노을을 감상하기에도 좋은 장소이다.

다. 혹은 좀 더 일찍 온 사람들은 멋진 노을을 감상하기도 하지만 정작 건물 내부로 들어가보는 사람들은 별로 없다. 하지만 아이들을 데리고 왔다면 기본적으로 우주와 태양의 모습을 소개하기에 천문대만한 곳이 없다.

중력과 상대적인 시간 등 우주에 대한 기본적인 원리들을 알기 쉽게 설명해 놓았고, 아이들의 눈높이에 맞춰 체험해보며 배울 수 있는 기구들이 설치되어 있다. '그리피스 천문대=야경'이라는 인식 때문에 실제 내

그리피스 천문대 내부. 태양계 행성들의 특징과 상대적인 크기를 잘 보여주는 모형들이 있다.

부는 그리 붐비지 않아 더더욱 여유롭게 즐길 수 있다.

실내 전시관을 다 봤다면 옥상으로 가보자. 해가 지지 않았다면 멋진 저녁노을을 볼 수 있고, 해가 졌다면 산이 거의 없는 LA도심의 넓고 광활한 야경을 감상할 수 있다. 아직 노을을 감상할 수 있는 시간적 여유가 있다면, 그리피스 천문대 서편에 있는 카페를 찾아가도록 하자. 카페가 서쪽을 향하고 있어서 훨씬 아름다운 노을을 편하게 감상할 수 있다. 단, 이 카페는 캘리포니아의 수많은 고퀄리티 카페와는 다르게 맛과 서비스에서 구글 평점이 그다지 좋지는 않다. 카페 바깥에서 노을만 눈과 카메라에 담고 다시 나오는 게 좋겠다. 카페 말고도 해질 녘 노을은 그리피스 천문대 광장 어디서나 잘 보이는 편이지만 제임스 딘 동상이 있는 곳에 사람들이 가장 많이 모이는 편이니 이것도 참고하자.

그리피스 천문대에서 바라본 LA 야경

기본적인 천문학 지식 배워보기

천문대 전시관에는 각 행성별로 상대적인 1년 주기와 중력의 크기 등을 알기 쉽게 설명해놓은 기구들이 있다.

우리 아이가 목성에서의 자기 몸무게는 200 파운드(약 90kg)라는 사실을 보고 깜짝 놀라게 할 수도 있고, 목성의 1년은 지구에서의 11년 10 개월이라는 개념들도 비교적 알기 쉽게 알려줄 수 있다.

천문대 옥상에는 12인치 칼 차이스 반사망원경 이 설치되어 있고, 일반인에게 일정 시간 동안 천체를 관측할 수 있게 해준다. 보통, 천체관측은 야간에만 이뤄진다고 생각하는데, 초저녁부터 관람할 수 있는 천체들도 있으니 이 시간에 가면 길게 줄을 서지 않고도 '금성'같은 행성들을 관측할 수 있다. 흔치 않은 기회니, 그리피스 천문대를 방문하기로 했다면 반드시 체험해보자.

천문대 옥상에서 LA 야경 촬영하기

천문대 옥상에서는 내부에서 옥상으로 나오는 문 바로 앞이 야경 촬영에 가장 좋은 장소이다. 왜냐면 옥상에는 아무 불빛도 없기 때문에 인물사진을 찍을 때 얼굴이 시커멓게 나온다. 그래서 플래시를 터트리지 않는 한 얼굴을 알아볼 수 없을 정도로 시커멓게 나오는데, 제발 플래시를 터트려서 이상한 색감의 사진은 찍지 말자. 대신 옥상으로 연결된 문에는 안전을 위해 라이트가 설치되어 있으니 그 앞에서 야경을 배경으로 사진을 찍으면 은은하게 얼굴이 잘 나온다. 강제 노출을 심하게 하면 불빛들이 뭉개지니 미리 2~3가지 노출로 적당히 촬영해보고 최적의 노출을 찾아보자.

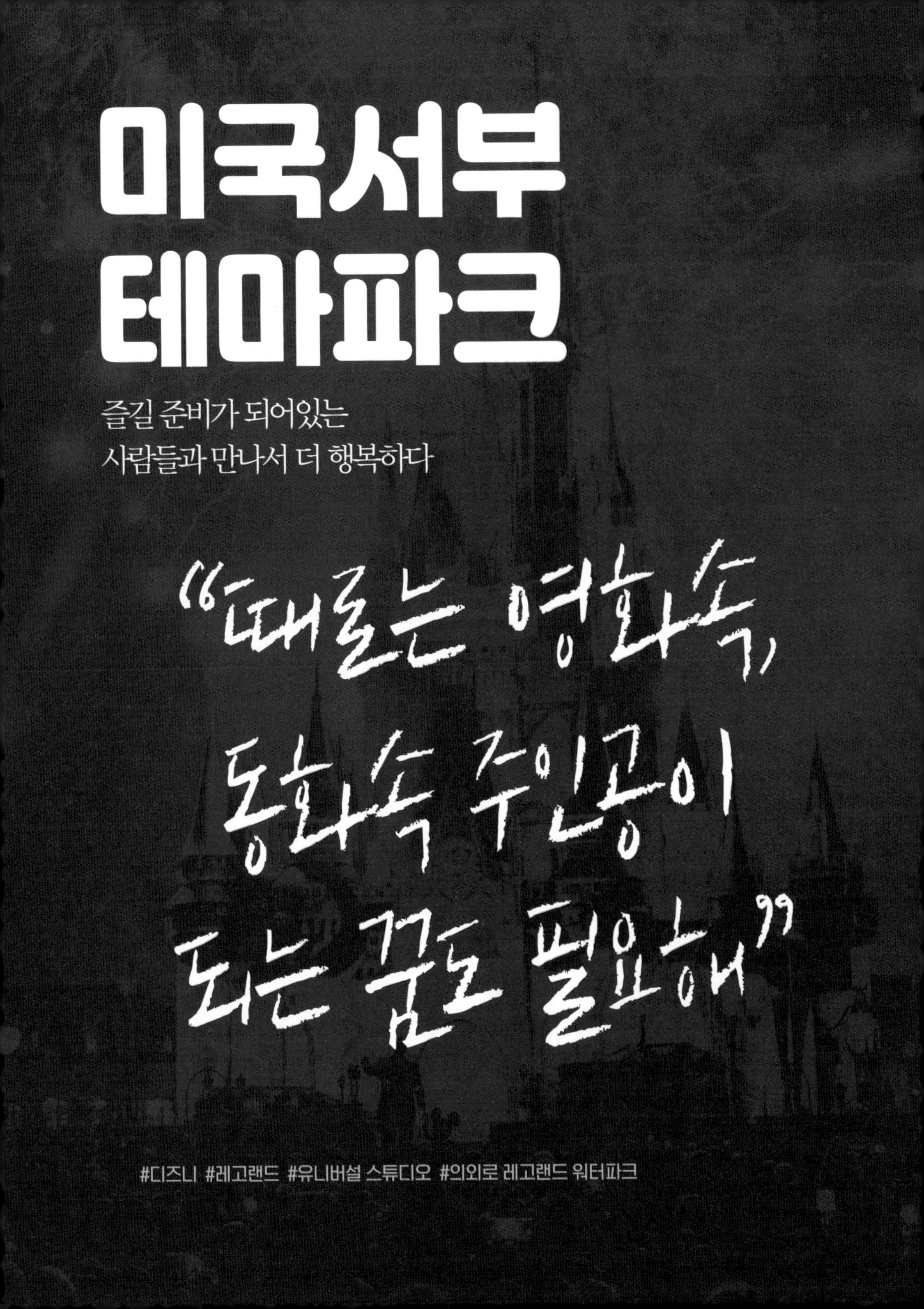

미국서부 테마파크

즐길 준비가 되어있는
사람들과 만나서 더 행복하다

"때로는 영화 속,
동화 속 주인공이
되는 꿈도 필요해"

#디즈니 #레고랜드 #유니버설 스튜디오 #의외로 레고랜드 워터파크

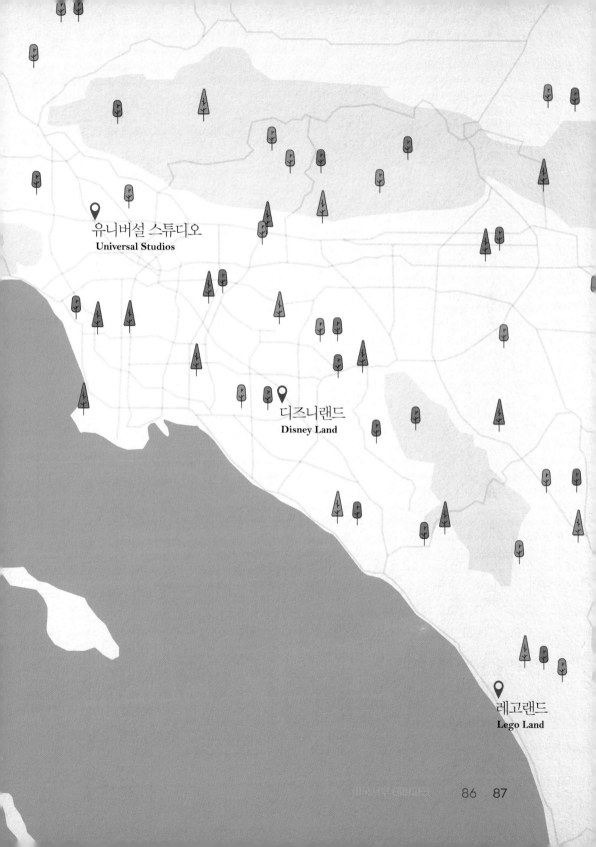

유니버설 스튜디오
Universal Studios

디즈니랜드
Disney Land

레고랜드
Lego Land

01
★★★★

유니버셜 스튜디오

보통 미국 서부를 가족 여행의 메카라고 부르는 이유 중에 하나가 바로 '테마파크'이다. 테마파크별로 대, 중, 소 그 규모도 다양하다. 보통 테마파크를 아이들을 위한 천국이라고 부르지만, 유니버셜 스튜디오는 어른들의 테마파크로 더욱 유명하다. 아내와 나의 욕심으로 넣은 일정이었지만 아이들이 좋아할 만한 것들이 더욱 많았던 유니버셜 스튜디오. 아이들을 데려갈지 말지 고민이 된다면, '아이들도 충분히 좋아하니 망설이지 말자'라는 조언을 하고 싶다.

유니버셜 스튜디오는 영화 속 스토리를 기반으로 구성된 테마파크이다. 대부분의 테마가 유니버셜 스튜디오에서 제작한 영화들을 기반으로 하지만 <해리포터>와 같이 다른 제작사에서 만들어진 영화를 배경으로 테마가 제작되기도 한다. 유니버셜 측의 설명으로는 '유니버셜 스튜디오'가 영화를 기반으로 하는 유일한 테마파크이기 때문에 다른 제작사들의 협의요청이 많다고 한다. 영화를 싫어하는 사람이 있을까 싶지만, 영화를 좋아하는 사람이라면 누구라도 즐길 거리가 있는 테마파크라고 할 수 있다. 영화에 등장했던 캐릭터 뿐만 아니라 영화의 배경 장소도 그대로 옮겨 놓았고, 영화 스토리를 기반으로 어트랙션을 만들어서 몰입감도 훨씬 강하다.

유니버설 스튜디오는 디즈니랜드에 비해서는 사람이 많진 않지만, 그래도 미국 3대 테마파크라는 명성에 걸맞게 저녁시간에도 관람객이 꾸준히 입장했다.

사전준비

각 테마존들은 영화를 기반으로 하고 있기 때문에, 영화를 알고 간다면 훨씬 잘 즐길 수 있다. 상당히 디테일하게 영화에서 나왔던 장면이나 테마를 이용하고 있기 때문에 방문하기 전에 아이들과 영화 한두 편쯤 미리 봐두는 것이 좋다. 추천할만한 영화는 단연 해리포터 시리즈와 미니언즈다. 쥬라기공원은 유치원생 정도면 아직 무서워서 잘 못 본다. 아무래도 공룡이 사람을 잡아먹는 장면들도 있으니 말이다. 해리포터를 봤다면, 해리포터 존으로 들어서면서부터 보이는 거대한 호그와트 성을 보며 가족 모두가 설렐 수 있다.

미국의 테마파크들은 입장료가 상당히 유동적이다. 주말, 평일이 다르며 연휴 때는 더 비싸진다. 테마파크 여행을 하려면 미국 연휴가 아닌지 잘 살펴야겠다. 혹시나 미국 연휴 때 방문한다면, 사람에 치이고 돈도 더 많이 내고 정작 즐길 것들을 제대로 못 즐길 수도 있기 때문이다.

줄을 설 때 한국과 다른 것이 있다면, 줄을 기다려도 되지 않는 '익스프레스 티켓 제도'를 운영한다는 점이다. 유니버설 스튜디오도 '유니버설 익스프레스(Universal Express)'라는 제도를 운영하고 있는데 그 가격이 상당히 비싸다.

일반 티켓은 어른과 아이의 가격이 다르지만, 유니버설 익스프레스는 청소년 할인이 없다. 그리고 일반 티켓보다 적게는 70달러, 많게는 130달러까지 비싸게 팔린다.

그런데 유니버설 익스프레스를 샀더라도 줄을 서지 않고 어트랙션을 탈 수 있는 기회는 어트랙션별로 딱 한 번밖에 주어지지 않는다. 그러니 아침 일찍 갔다면 사람들이 많이 없을 때 일반 줄을 서서 어트랙션을 즐기고, 오후가 되면서 사람이 많아지면 익스프레스 제도를 이용하여 줄을 서지 않는 것이 가장 유용하게 즐기는 법이다. 그리고 익스프레스 제도를 사용하지 못하고 줄을 서야 이용할 수 있는 어트랙션도 있으

유니버설 스튜디오 할리우드는 Upper Lot과 Lower Lot으로 구분되어 있다

니 이를 유니버설 스튜디오 어플을 통해 잘 확인하자.

티켓은 유니버설 스튜디오 공식 홈에서 구매하는 것보다 각종 여행사에서 판매하는 것이 더 싸다. 국내에서 영업하는 여행사들도 유니버설 스튜디오에서 구매하는 것보다 싸게 판매하고 있다. 티켓을 구매했다면, 유니버설 스튜디오 앱을 반드시 깔도록 하자. 앱을 통해 파크 내의 모든 정보를 다 검색해볼 수 있다. 어트랙션 별 키 제한과 기다리는 시간, 이벤트와 퍼레이드 시간 그리고

익스프레스 티켓 사용 가능 여부 등 모두 확인할 수 있다. 그리고 위치정보를 사용해 지도 위에서 우리 가족의 현재 위치를 표시해 주기 때문에 파크 내 다음 목적지에 최단거리로 찾아갈 수 있다.

유니버설 스튜디오에는 반입금지물품이 있다. 바로 '셀카봉'인데 파크 내에서 셀카봉으로 사진을 찍거나 들고 다니면 직원이 넣어달라고 부탁한다. 셀카봉 반입 금지는 디즈니랜드와 레고랜드도 마찬가지니 애초에 들고 가서 짐이 되는 일이 없도록 하자. 대신 음식물 반입은 가능하니, 당을 채워줄 수 있는 물품 위주로 챙겨가도록 하자

주차

유니버설 스튜디오는 주차장이 상당히 많다. 주차장 요금은 하루 종일 28 달러이고 정문과 좀 더 가까운 'Preffered Parking'은 40달러이다. 정문 바로 앞 'Front Gate Parking'은 가장 비싼 60달러이다. 하지만 일찍 가면 일반 주차장에서도 정문과 그리 멀지 않은 곳에 주차를 할 수 있다. 우리가족이 새벽같이 출발해서 유니버설 스튜디오 가장 가까이 주차한 곳은 'E.T.' 주차장이었다. 주차장 이름도 영화 속 주인공 이름을 따서 재미있게 꾸며놓았다.

'preffered' 주차장은 유니버설 스튜디오 입구 바로 옆에 위치한 주차장이다. 일반 주차장에서는 유니버설 주변 상가를 걸어서 지나야 입구에 도착할 수 있다. 상가들도 영화 속 분위기를 잘 자아내고 있어 나름 구경을 하면서 지나는 맛이 있다.

본격 즐기기

해리포터 존

유니버설 스튜디오에서 가장 인기 있는 곳은 '해리포터 존'이다. 입구에서 우측 끝에 위치하고 있는데, 입장을 했다면 다른 곳을 들르지 말고 곧장 해리포터 존부터 가는 것이 좋다. 해리포터 존에 들어서면 해리포터 영화에 나오는 마을인 '호그스미드'가 재현되어 있다. 온 마을이 뾰족한 지붕으로 되어 있고 심지어 눈으로 뒤덮여 있어 따뜻한 캘리포니아 날씨에 색다른 구경거리를 제공한다.

해리포터 존에는 두 가지 유명한 어트랙션이 있다. 해리포터 앤 포비든 저니(Harry Potter and the Forbidden Journey)와 플라잇 오브 더 히포그리프(Flight of the Hipogriff)이다.

'포비든 저니'는 좌석이 1인용이어서 아이들을 안고 타거나 손을 잡아 줄 수가 없다. 그리고 유니버설 스튜디오 앱에서도 'Thrill Ride'라고 표기할 정도로 스릴이 있는, 즉 무서운 어트랙션이다. 아쉽지만 초등학교 저학년 이하 아이들은 키 제한에 걸리지 않더라도 타는 것을 추천하지 않는다. 어른들에게도 '포비든 저니'는 까다로운 어트랙션이긴 하다. 4D화면으로 보이는 영상이 어지럼증을 유발하기도 하고 흔들리는 의자 역시 어지럼증을 유발한다. 하지만 멀미를 조금 하더라도 최신 기술이 어우러진 어트랙션이니 한 번쯤 경험해볼 만 하다.

유니버설 스튜디오에는 아이들을 데리고 온 어른들을 위한 프로그램을 운영하고 있다. '차일드 스위치(Child Switch)'라는 프로그램인데, 아이들을 동반하여 온 어른들이 번갈아 어트랙션을 타볼 수 있도록 아이들과 함께 대기하는

일반 주차장에서 유니버설 스튜디오 입구로 향하는
길. 영화를 테마로 하는 다양한 볼거리가 있다

해리포터 존 입구에서부터 호그와트 성이 입장객을
반긴다. 이 건물 안에서 어트랙션을 즐긴다

장소를 만들어 놓았다. 그래서 아이들과 함께 어른들이 줄을 서서 기다리다가 탈 차례가 되면 한 명은 어트랙션을 타고 다른 한 명은 아이를 보며 기다린다. 한 명이 다 타고 나오면 기다리고 있던 나머지 어른이 줄을 다시 서지 않고 바로 어트랙션을 탈 수 있다. 인기 어트랙션일 경우 '차일드 스위치'프로그램을 거의 운영하고 있어 아이들이 타지 못하는 어트랙션이라 할지라도 어른들에게 탈 기회를 제공한다.

'플라잇 오브 더 히포그리프'는 키가 48인치(122cm) 이상인 어린이는 혼자 탈 수 있고, 39인치(99cm)어린이는 보호자와 동반하면 탈 수 있는 친 어린이 어트랙션(Kid Friendly Ride)이다. 유니버설 스튜디오가 '어른들의 테마파크'라서 그런지 아이들에게 최적화된 '플라잇 오브 더 히포그리프'는 대기시간이 훨씬 짧다. 우리나라로 치면 아이들을 위한 '청룡열차'정도 되는데, 아주 작은 아이들도 탈 수 있어서인지 우리 애들은 타고나서 심드렁한 표정이었다. 그 표정은 곧 마법지팡이 상점에서 싹 사라졌지만.

유니버설 스튜디오의 상술이 사악하게 느껴졌지만 아이들에게 사주지 않을 수 없었던 것은 바로 마법지팡이다. 해리포터 영화에 나오는 거의 모든 마법사의 지팡이를 제작하여 팔고 있으며 버전도 두 가지로 출시되었다. 수집가를 위한 컬렉션 버전과 테마파크 곳곳에서 마법을 부려볼 수 있는 마법 버전이 그것이다. 마법 버전에는 적외선 센서가 장착되어 특정구역에서 마법이 작동되도록 만들었다. 그래서 마법 버전 지팡이에는 충격이 가지

인기 어트랙션에는 아이들을 동반한 관람객을 배려하는 'Child Switch'제도가 운영된다

혹시나 마법을 잘 부리지 못하는 아이가 있
으면 마법사 직원이 친절히 도와준다

않도록 조심해야 한다. 통신 모듈이 고장 날 수도 있기 때문이다. 컬렉션 버전은 마법 버전보다 조금 저렴하긴 한데 이왕 살 거면 마법용을 사주어 아이들이 테마파크 곳곳에서 마법을 부려볼 수 있도록 하는 것이 낫다.

마법 버전 지팡이를 샀다면 길거리를 지나다가 황동색 마법존 표식을 찾자. 바닥에 축구공 크기 정도로 황동색 동그라미가 표기되어 있다. 마법 지팡이를 사면 마법존이 표시된 지도가 동봉되어 있다. 이 지도를 아이들한테 주고 마법존을 찾아 다니라고 하면 열정적으로 잘 찾아 다닌다. 마법존을 찾으면 그곳에 서서 지시대로 마법 지팡이를 휘두르면 되는데, 마법이 작동하면 찻잔이 마음대로 움직이거나 악기가 흥겨운 연주를 스스로 하기도 한다.

마법 주문도 황동색 표식에 적혀있다. 아이들에게 발음을 가르쳐주면 마법 지팡이를 휘두르면서 주문을 잘 따라 한다. 이렇게 해리포터 존 안에서는 모든 아이들이 마법사가 되어 마법 지팡이를 휘두르며 즐거워한다. 이쯤 되면 지팡이 하나쯤 안 사줄 수 없다. 심지어 호그와트 학교의 망토도 팔고 있는데, 가격이 한화로 12만원 정도이다. 망토는 패스하고, 우리 부부도 괜히 들뜬 마음에 해리포터 마법지팡이만 50달러를 주고 샀다.

해리포터 존 입구 쪽 공연장에서는 해리포터 마법학교 복장을 한 가수들의 아카펠라 공연이 이어지기도 한다. 상당한 고수들의 공연이라 뜨거운 햇볕 아래서도 들을 만 한 정도다. 그리고 해리포터 존에서는 영화에 등장했던 음료수인 '버터비어'를 팔고 있다. LA의 7월 날씨는 상당히 고온 건조해서 음료수를 파는 곳마다 맛보려는 사람으로 줄이 길게 늘어서 있는데 버터비어 쪽이 줄이 가장 길다. 맥주지만 아이들도 먹을 수 있어서 아이들도 신기해하며 잘 먹는 편이다.

디스피커블 미(Despicable me, 일명 미니언즈)

해리포터를 보고 나면 그 다음부터는 유동적으로 움직여야 한다. 유니버설 스튜디오는 위쪽에 위치한 어퍼 랏(Upper Lot)과 아래쪽에 위치한 로워 랏(Lower Lot)으로 나뉘어져 있는데 관람객이 어느 한 쪽으로 치우치는 경우가 많다. 앱을 통해서 어트랙션별 대기시간을 살펴보면 사람들이 몰려있는 곳을 찾을 수 있다. 두 군데 중 어느 한 군데에 사람들이 너무 몰린다고 느끼면 다른 곳으로 옮겨서 즐기는 것이 낫다.

우리 가족은 아침 일찍 해리포터 존을 체험한 덕인지 아직 어퍼랏에는 사람들이 그렇게 많지 않았다. 그래서 계속 어퍼랏에 머물기로 했고, 아이들이 가장 좋아했던 미니언즈를 만나러 '디스피커블 미'관으로 갔다.

역시 오기 전에 영화 '디스피커블 미'를 봤다면 훨씬 재미있게 즐길 수 있다고 말하고 싶다. 영화 속의 실험실 등 배경을 그대로 재현해 놓았고, 4D 어트랙션의 콘텐츠 내용도 영화와 비슷하다. 어트랙션을 타면 3D 글래스를 타고 영화 속을 질주하게 되는데, 어른들도 상당히 재미있게 즐길 수 있으니 아이들과 같이 타도록 하자.

어트랙션 주변에는 바닥분수가 나오는 큰 놀이터가 있다. 온통 귀여운 미니언즈들

로 꾸며져 있어서 아이들도 좋아하고 사진찍기에도 좋다. 여벌 옷을 챙겨간다
면 바닥분수에서 시원하게 놀 수도 있으니 여름에 유니버설 스튜디오를 갈 경
우에 아이들 여벌 옷을 챙기도록 하자.

　　항상 있는 것은 아니지만 군데군데 미니언즈 탈을 쓴 직원들이 관람객에게
짓궂게 장난을 친다. 익살스러운 동작으로 아이들이 깔깔깔 웃을 때까지 장난

을 쳐준다. 그런 다음 아이들과 사진을 찍어주니 사진에서 아이들 표정이 살아 있다. 유니버설 스튜디오에서 캐릭터 역할을 하는 직원들은 한결같이 이런 식인데, 그들의 프로의식 덕분에 사진도 더 즐겁게 남길 수 있었다. 항상 반갑게 맞아주니 영어가 통하지 않는다고 해서 망설이지 말고 마음에 드는 캐릭터가 있으면 당당히 걸어가자. 이 직원들은 전세계 관광객을 다 맞이해 봤으니 우리 생각보다는 훨씬 우리를 잘 맞이해 준다.

워터 월드(Water World)

워터월드는 유니버설 스튜디오에서 우리 가족 네 명 모두 가장 좋아했던 쇼이다. 영화 워터월드를 소재로 쇼를 구성했지만 영화 내용을 몰라도 충분히 즐길 수 있다. 배우들이 관객들과 소통하면서 쇼가 시작되는데, 입장하는 관객들에게 시원하게 물폭탄을 쏘고도 전혀 미안해 하지 않는다. 이 쇼는 물벼락 맞을 각오를 하고 입장하도록 하자. 무대에서 가까운 순서대로 5줄의 좌석은 'Soak Zones(흠뻑 젖는 구역)'이라고 표시되어 있다. 우리는 5번째 줄에 앉았는데 공연이 끝나고 머리부터 발끝까지 젖어 있었다. 그런데 워터 월드는 머리부터 발끝까지 젖을 각오를 하고 보는 것이 훨씬 더 재미있다.

옷이 다 젖더라도 캘리포니아의 따사로운 햇빛 때문에 금방 마른다. 비가 오거나 날씨가 유난히 흐리지만 않는다면 별도 옷을 챙겨갈 필요는 없다. 하지만 위에서 말했듯, '디스피커블 미' 어트랙션 근처에 있는 분수광장에서 아이들이 부담 없이 놀려면 여분의 옷이 필요하다. 워터월드는 주로 겉 옷이 젖는다면 분수광장은 속옷까지 젖기 때문이다.

워터월드 쇼는 공연적인 요소도 상당히 탄탄하다. 연기자들의 연기와 스턴트 묘기, 그리고 폭파 씬 등 특수효과들도 허투루 하는 것이 없다. 가끔 화약이

파도가 관중석으로 들이닥치기 직전의 모습. 이 물로 근처 관중들이 다 젖었지만, 모두의 얼굴에는 웃음 뿐이다.

터지는 소리가 크게 들리니, 아이들에게 미리 말해주어 심하게 놀라는 일이 없도록 하자.

쥬라기공원(The Jurassic Park)

쥬라기공원은 로워 랏(Lower Lot)에서 트랜스포머와 함께 최고 인기 어트랙션이다. 평일에 간다 하더라도 익스프레스 티켓을 쓰지 않으면 40~50분의 대기시간은 각오해야 한다. 익스프레스 티켓이 없다면 입장하자마자 어퍼 랏(Upper Lot)은 해리포터, 로워 랏(Lower Lot)은 쥬라기공원으로 정하고 목적지를 향해 빠르게 전진하자.

어퍼 랏(Upper Lot)을 둘러본 우리 가족은 정오 즈음 로워 랏(Lower Lot)으로 향했고, 맨 처음 쥬라기공원 어트랙션으로 향했다. 우리 가족은 쥬라기공원 어트랙션을 단순히 한국의 후룸라이드 정도로 생각했기 때문에 당연히 아이들도 무리 없이 잘 탈 수 있을 거라고 봤다. 결론부터 말하면, 아이가 미취학아

동일 경우에는 키 제한에 통과되더라도 함께 탈 것인가 충분히 고민해야 한다. 마지막 하이라이트에서 울지 않는 유치원생은 없을 것이다. 하지만 재미있다. 타고나서 계속 생각나고, 헛웃음이 멈추질 않으며, 이렇게 원초적인 재미를 또 느낄 수 있을까라는 생각도 들었다. 둘째 아이도 마지막에 엄청 울었지만 며칠 뒤에 '쥬라기공원 또 타고 싶어'라고 했을 정도다.

쥬라기공원 어트랙션은 배에 타서 스릴을 즐긴다. 배는 한 열에 5명씩 앉을 수 있으며 총 5열로 구성되어 있다. 4인가족이라면 한 줄에 다 앉고 남을 정도로 크기가 꽤 큰 편이다. 우리나라 후룸라이드가 한 줄에 1명 내지 2명까지 앉는 것을 생각해보면 쥬라기공원 어트랙션의 규모가 엄청 크다는 것을 알 수 있을 것이다.

배가 출발하고 나서 처음에는 작은 공룡들과 초식공룡들이 서식하는 곳을 여행한다. 평화로운 분위기 속에서 사람들도 여유가 넘친다. 그런데 후반부로 갈수록 영화 속에서 등장한 무서운 공룡들이 우릴 놀라게 한다. 딜로포사우루스가 갑자기 튀어나와 우리에게 침을 뱉거나 벨로시랩터 같은 육식공룡들이 풀숲에서 갑자기 등장하기도 한다. 다시 한 번 말하지만 영화를 보고가면 유니버설 스튜디오를 훨씬 더 재미있게 이용할 수 있다.

하이라이트 부분에서는 여느 놀이기구처럼 높은 곳으로 올라가는데, 아주 캄캄한 건물 내부에서 배가 위로 올라가기 때문에 긴장이 증폭한다. 더 이상 올라가면 견디기 힘들겠다 싶을 정도로 올라간 뒤, 이제 배가 급강하 하겠구나 싶을 때 긴장을 배가시켜주는 이벤트가 열린다. 이 부분은 책으로 읽기보다는 직접 체험하길 바란다. 미리 알면 재미가 반감될 테니 검색도 해보지 말고 가길 바란다. 그리고 물을 튀기며 배가 하강하는데, 튀기는 물의 양이 어마어마하다. 역시 워터월드 쇼와 마찬가지로 조금 젖는 정도가 아니라 홀딱 젖으니

물보라의 높이가 배보다 훨씬 높다. 저 물을 그대로 맞는다고 생각하면 가리는 게 소용없다는 걸 알게 된다.

물을 피하겠다는 생각은 애초에 하지 말자.

스페셜 이팩트 쇼(Special Effect Show)

다른 테마파크와는 달리 유니버설 스튜디오에서만 볼 수 있는 게 있다면 바로 스페셜 이팩트 쇼이다. 워터월드와 함께 유니버설 스튜디오의 대표 쇼이며 한국말로 하면 '특수효과 쇼' 정도가 될 것 같다. 영화에서 사용된 특수효과와 함께 스턴트맨들의 무술시범도 포함되어 있다.

우리 가족은 우연찮게 가장 일찍 스페셜 이팩트 쇼 룸에 입장했다. 직원에게 "아이들에게 가장 좋은 자리를 추천해 주세요"라고 하자 무대 바로 옆자리를 추천해주었다. 무대가 앞에만 있는 것이 아니라 패션쇼 런웨이처럼 관중석 쪽으로 조금 길게 나와있는 형태여서 옆에 앉으면 정말로 쇼를 바로 옆에서 지켜보게 된다. 팔을 자르는 등의 특수효과를 보여줄 때는 아이들이 기겁하기도 했지만 그런 특수효과를 보여주고 난 뒤에는 어떤 재료가 사용되었는지 어떻게 안전을 확보할 수 있는지 설명해주기 때문에 오히려 나중에 더 안심할 수 있다.

갑자기 관중석으로 로프를 타고 하강하는 스턴트 맨

그 쇼를 보고나니 영화를 볼 때나 드라마를 볼 때 피 흘리는 장면이 나오면 "아빠 저거 딸기시럽이지?"라고 씩씩하게 받아들이기도 한다. 영상 콘텐츠를 볼 때 폭력적인 장면이 나오면 실제로 때리는 것이 아니라는 것을 아는 게 차라리 교육상 더 좋을 것 같기도 하다. 무엇보다 스페셜 이팩트 쇼가 가장 마음에 들었던 것은 시원한 곳에서 편안하게 앉아서 관람한다는 것이다. 하루 종일 어트랙션들을 타기 위해 걸어 다니고 기다리는 데 지친 우리 가족은 이 쇼 이후에 다시금 에너지 충전을 하고 남은 일정을 진행하였다. 그래서 스페셜 이팩트 쇼는 유니버설 스튜디오 일정 중간 즈음 관람하는 것이 체력적으로 가장 도움이 될 것 같다.

기타(스튜디오 투어, 심슨라이드, 미라의 복수)

위에 소개한 것들 이외에도 유니버설 스튜디오에서 인기 있는 쇼와 어트랙션을 꼽자면 스튜디오 투어(Studio Tour), 심슨라이드(the Simpsons Ride), 미라의 복수(Revenge of the Mummy) 등이 있다.

스튜디오 투어는 관람용 버스를 타고 영화 속 배경이 된 곳들을 돌아다니며 구경하는 일종의 관광이다. 버스에 함께 탄 큐레이터가 영화의 배경과 함께

아이들과 캠핑카로 누빈 미국 서부 캐나다

현재 보고 있는 세트가 어떤 장면을 위해 만들었는지 잘 설명해준다. 영어에 자신이 없더라도 관람에 큰 무리는 없다. 자세한 정보를 들을 수는 없겠지만 워낙 유명한 장면을 구성해 놓아서 영화를 좋아하는 사람이라면 단번에 어떤 영화의 배경인지 알아볼 수 있다.

　'심슨 라이드'와 '미라의 복수'도 대다수의 다른 어트랙션과 비슷하게 4D를 기반으로 한다. 따라서 약간의 어지럼증은 각오해야 하지만 영화 속 주인공이 되어 모험을 할 수 있는 기회를 준다. 특히 '미라의 복수'는 사람들이 많이 찾는 인기 어트랙션이니 관람 우선 순위에 넣어놓고 일찍 관람하도록 하자.

톰 크루즈 주연의 '우주전쟁'의 배경, 영화 초반에 등장했던 비행기 추락 씬을 볼 수 있다.

마술쇼 관람 후에 지팡이를 사자

해리포터 존에는 마법지팡이를 파는 곳들이 3군데 있다. 그 중 꼭 들러볼 만 한 곳이 마을 중간 즈음에 위치한 상점인데, 사람들이 줄을 서 있기 때문에 쉽게 찾을 수 있다. 나머지 상점들은 길가 노점에서 지팡이를 팔고 있다. 상점에서는 제품 구매를 하기 전에 영화의 한 장면을 실제로 재연해준다. 관객 중 한 명의 어린이를 불러서 그 어린이에 맞는 지팡이를 골라주는데, 해리포터가 지팡이를 고르는 영화 장면과 유사하다.

신비한 마술쇼를 구경하고 나가면 바로 마법지팡이를 파는 장소가 이어진다. 이왕이면 이 곳에서 지팡이를 구매해주자.

꿀
떨어지는
Tip

먹거리는 무한 리필이 되는 팝콘과 콜라로

유니버설 스튜디오에서 가장 마음에 들었던 것은 팝콘과 콜라가 무한 리필이 된다는 것이다. 무한리필이 되는 팝콘 통이나 콜라 컵을 거리마다 팔고 있으니, 원하는 캐릭터가 보이면 구입하자. 아침에 구입해 놓으면 출출할 때 마다 팝콘을 먹을 수 있고, 목마를 때 마다 콜라를 먹을 수 있다.

무한리필 콜라컵은 15.99달러, 일반 리필 팝콘 버킷은 5.49달러(리필 할 때 99센트 소요), 미니언즈 팝콘통은 25.99달러(당일 무한리필, 재방문 시 리필 할인)이다.

참고로 미니언즈 팝콘통은 한국 캐릭터 수집가들 사이에서 10만원 내외로 거래되기도 하니, 비용에 부담 가지지 말고 일단 사자. 추억을 되새기기에도 좋고, 실증이 나면 중고 거래를 하더라도 본전(?)은 충분히 남길 수 있다

마법지팡이 마술쇼를 하기 위해 대기 중인 연기자

아이들과 캠핑카로 누빈 미국 서부 캐나다

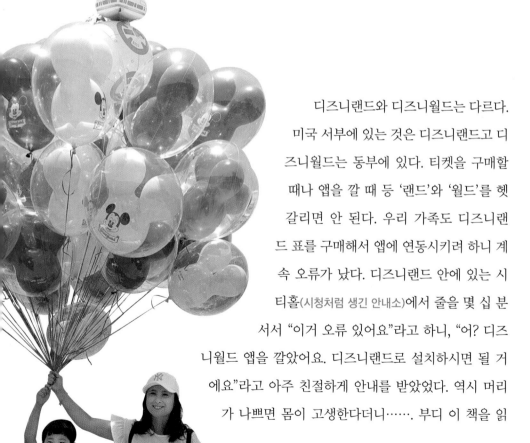

02
★ ★ ★ ★

디즈니랜드

디즈니랜드와 디즈니월드는 다르다. 미국 서부에 있는 것은 디즈니랜드고 디즈니월드는 동부에 있다. 티켓을 구매할 때나 앱을 깔 때 등 '랜드'와 '월드'를 헷갈리면 안 된다. 우리 가족도 디즈니랜드 표를 구매해서 앱에 연동시키려 하니 계속 오류가 났다. 디즈니랜드 안에 있는 시티홀(시청처럼 생긴 안내소)에서 줄을 몇 십 분 서서 "이거 오류 있어요"라고 하니, "어? 디즈니월드 앱을 깔았어요. 디즈니랜드로 설치하시면 될 거에요"라고 아주 친절하게 안내를 받았었다. 역시 머리가 나쁘면 몸이 고생한다더니……. 부디 이 책을 읽

는 분들은 '랜드'와 '월드'를 혼동하지 않길 바란다.

사전 준비

미국 서부 3대 테마파크(디즈니랜드, 유니버설 스튜디오, 레고랜드) 중에서도 가장 유명한 곳은 디즈니랜드이며 미국 내에서 인기도 가장 높다. 모든 미국 사람들이 한 번쯤 가보고 싶은 테마파크로 손꼽고 가장 오랫동안 사랑받는 캐릭터들이 사는 곳, 디즈니랜드.

그래서 그 규모도 다른 테마파크보다 훨씬 크고 사람도 훨씬 많다. 사람에 치여서 제대로 구경도못하고 겉만 보고 올까봐 우리는 디즈니랜드에 이틀 일정을 할애했다. 가장 사람들이 없다는 평일 월요일, 화요일 이틀을 골랐고 공식 홈페이지에서 일반 입장권이 아닌, 줄을 서지 않고 타는 '맥스패스(MAX Pass)'로 입장권을 구매했다. 이렇게까지 했건만 디즈니랜드에서의 이틀은 미국, 캐나다 여행 54일 동안 가장 많은 사람들을 만난 이틀이었다. 그래서 미국 디즈니랜드에 가시는 분들께 해드릴 수 있는 가장 유용한 조언은 "사람 많은 것 각오하고, 마음을 넓게 가지세요"이다.

티켓구입

디즈니랜드 입장권은 제휴되어 있는 셀러들(여행사, 코스트코, UCLA대학 매점 등)을 통해서 사는 것이 가장 저렴한 방법이다. 그 중에서도 할인율이 가장 큰 곳이 UCLA 대학 매점인데 여행 일정 중에 UCLA를 지나는 일이 없다면 입장권을 위해 일부로 가는 것은 조금 부담스럽다. 그 다음 대안은 여행사이며 LA 한인타운에 위치하는 여행사가 국내 여행사보다 조금 더 할인율이 높다. 코스트코에서는 디즈니 호텔과 연계된 할인권을 판매하고 있는데 이마저도 시기별로 판매 여부가 다르니 방문하기 전에 먼저 확인하고 가는 것이 좋겠다.

앱으로 어트랙션을 예약하고 해당 시간에 바로 탈 수 있는 'MAX PASS'는 2021년 8월에 서비스가 종료되었다. 대신, 21년 11월 중에 '디즈니 지니 플러스(Disney Genie+)'라는 20달러 유료 서비스로 다시 출시될 예정이니 홈페이지를 통해 출시 여부를 확인하도록 하자. 공식 홈페이지에서는 다양한 옵션으로 입장권을 팔고 있는데 우리나라와 가장 다른 점이 있다면 '며칠 놀고 갈 거에요?'라는 질문을 한다는 것이다. 한 놀이공원에 연달아 며칠씩 놀아본 적이 없는 우리 부부에게는 이 점이 가장 낯설게 다가왔다. 미국 사람들은 휴가를 애너하임으로 가서 디즈니랜드를 즐길 정도로 디즈니랜드를 좋아한다. 그래서 '며칠 놀 거냐?'는 질문은 상당히 자연스러운 질문이며 며칠 동안 재방문하는 사람들 덕분에 디즈니랜드에는 더욱 사람들이 넘쳐난다.

기간을 정했다면 다음으로 선택해야 할 것은 디즈니랜드의 두 개 파크를 다 갈 것이냐(Hopper Ticket) 한 곳만 갈 것이냐(1 Park Admission)다. 디즈니랜드는 두 개의 파크로 나뉘며 하나는 '디즈니랜드', 또 다른 하나는 '캘리포니아 어드벤쳐 파크(California Adventure Park)'다. 차이점은 디즈니랜드는 '가족을 위한 곳' 어드벤쳐 파크는 '스릴과 모험을 위한 곳'으로 생각하면 되겠다. 유치원생 정도의 아이가 있다면 어드벤쳐 파크의 어트랙션들을 타는 것은 무리이므로 고민할 것 없이 디즈니랜드만(입장권 옵션에서 1 Park Admission 선택) 가도록 하자. 그렇다고 디즈니랜드가 아이들만을 위한 것으로 채워져 있는 것은 아니니 너무 유치할 것이라고는 생각하지 말자.

디즈니 지니 플러스 옵션이 출시되면 앱을 통해 편하게 예약하고 줄을 서지 않고 어트랙션을 탈 수 있다. 다만, 이 옵션은 인당 20불로 책정될 예정이다. 디즈니랜드 입장권도 비싼 편인데 4인가족에게 인당 20불 짜리 옵션은 부담스러운 금액이긴 하다. 우리 가족도 며칠 고민 끝에 MaxPass를 결제하긴 했지만 여행을 다녀와서 글을 쓰고 있는 지금도 다시 선택하라면 MaxPass이다. 그만큼 사람들이 많았고, 특히나 아이들이 더위에 지쳐서 컨디션이 떨어져버리면 끝장(?)이기 때문에 이것 저 것 따져봐도 유료 Pass가 이득이라고 생각한다.

이렇게 4인가족 2일 입장권 가격은 1,005달러, 여기에 유료 Pass를 포함하면 1,085달러이다. 카드사 할인 받고 온 가족이 10만원에 테마파크를 이용하는 한국과 거의 10배 차이가 나는 셈이다. '수많은 미국인들이 방문하길 원하는 테마파크 이지만, 누구나 쉽게 갈 수는 없는 테마파크'라는 말이 괜히 나온 것은 아닐 성 싶다.

호텔예약과 ART 버스 이용

디즈니랜드는 유니버설 스튜디오와는 달리 LA를 한참 벗어나 애너하임에 위치하고 있다. 그래서 애너하임은 숙박시설이 많이 발달되어 있으며 그 중에서도 잠만 자는 INN급 호텔들이 많다. 우리가 묵은 호텔도 베스트웨스턴에서 운영 중인 'INN'급 호텔이었고 잠만 자기에는 아까울 정도로 시설이 깔끔했다. 디즈니랜드에 가까이 위치할수록 호텔 가격은 올라가지만 애너하임 시에서는 디즈니랜드 관광객을 위해 디즈니랜드까지 가는 버스 노선 시스템을 만

지하철처럼 각 노선마다 색깔이 다르다. 우리가 탔던
9호선은 파란색이었다.

들어 놓아서 거리가 크게 문제되지는 않는다. 버스
노선 시스템의 이름은 '애너하임 리조트 수송(Aneheim Resort Tranportation)',
줄여서 ART이다. ART는 애너하임 대부분의 호텔을 지난다. 무려 22개의 노
선이 있으니 본인이 예약하려는 호텔에 ART가 정차하는 지만 확인하고 호텔
을 예약하면 된다. ART 노선은 http://rideart.org에서 확인이 가능하다.

　　ART티켓은 홈페이지에서도 구매 가능하고 각 호텔에서도 구매가 가능하
다. 미리 구매를 하지 못했다면 호텔 프런트에 ART 티켓을 문의하자. 대부분
호텔에서 별도로 구비해둔 티켓을 판매하거나 근처에 ART티켓 자판기가 있
다. ART요금은 1DAY, 3DAY, 5DAY 옵션이 있는데 이틀을 이용할 경우 1DAY
2번이 훨씬 저렴하다. 우리 가족의 경우 호텔 직원의 실수로 1DAY요금만 냈

는데 5DAY 티켓을 줘서 하루치 교통비를 절약할 수 있었다. 호텔측의 프로모션이었는지 모르겠지만, 굳이 다시 물어보지는 않았다. 혹시 모르니까.

현지 유심을 사용하는 사람이라면 ART 앱을 깔고 앱에서 구매를 할 수도 있다. 가격은 똑같기 때문에 앱이 훨씬 편하다고 생각할 수도 있지만 아직 많은 사람들이 직접 표를 구매해서 사용하고 있다. 앱에서는 홈페이지와 마찬가지로 버스가 언제 오는지 상당히 정확하게 알려주고 있어서 이 점을 참고하여 버스 시간에 맞춰 버스를 타면 된다.

우리 가족도 디즈니랜드에는 차를 가져가지 않고 ART를 이용하기로 했다. 주차비 25달러도 아까웠고, 주차티켓을 예매한다고 해서 주차공간을 확보해주는 것도 아니었기 때문이다. 그리고 무엇보다 주차장에서 디즈니랜드 입구까지 다시 셔틀을 타고 이동해야 한다. 그리고 디즈니랜드 앞은 아침 일찍부터 교통지옥이니 가능하면 대중교통을 이용하는 것이 조금이라도 디즈니랜드에 더 빨리 도착할 수 있는 방법이다.

가방 검사 및 입장하기

미국에서는 테마파크 입장 전에 반드시 가방 검사를 한다. 그 중에서도 유니버설 스튜디오와 디즈니랜드는 엄격한 가방검사를 시행하기로 유명하다. 그래서 가방검사에 소요되는 시간도 다른 테마파크보다 길다. 더구나 코로나 시국에서는 백신접종증명서(없는 사람은 PCR검사 확인서 필요, 12세 미만은 마스크만 필요)를 확인하고 있어, 시간이 더 소요되고 있다. 그런데 디즈니랜드를 체험하기 위해서는 어차피 뛰어넘어야 할 난관, 가능한 기다리는 시간을 줄

이기 위해 몇 가지 요령을 참고하자.

디즈니랜드 입장을 위해서는 총 세 가지 라인을 통과해야 한다. 입장권 매매를 위한 줄, 가방검사를 위한 줄, 마지막으로 입장을 위한 줄이다. 그런데 처음 가면 어느 라인이 어떤 목적을 위한 것인지 너무나 헷갈리게 되어 있다. 그흔한 안내판도 없다. 그러므로 자신이 서있는 줄이 어떤 줄인지 앞사람과 주변사람에게 물어서 재차 확인하는 것이 좋다.

3가지 줄 중에 입장권 매매를 위한 줄은 입장권 예매를 통해 해결하자. 현장에서 결제하면 할인적용이 없을 뿐 아니라 대기줄도 길다. 참고로 현장 구매를 위해서는 입구 좌측에 작은 매표소가 설치되어 있으니 도착하자 마자 매표소부터 찾아가자.

셔틀버스 주차장에서 디즈니랜드 입구 쪽으로 가면서 자연스럽게 만나는줄이 가방검사 줄이다. 표를 예매한 사람은 가방검사부터 받으면 된다. 가방검사 줄에서는 입장권은 확인하지 않고 짐만 확인한다. 가방 검사 시에는 입장권을 가방 속이나 지갑 속에 잘 넣어 놓자. 많은 사람들이 가방 검사 시에 입장권도 확인하는 줄 착각하고 손에 들고 있다가 떨어뜨리는 경우가 많다. 내 짐을 남이 뒤진다는 것은 참 번거로운 일이기 때문에 아무래도 손에 든 입장권에 신경이 덜 쓰인다.

가방 검사의 목적은 위험물과 셀카봉, 삼각대 검사이다. 미국의 테마파크들은 기본적으로 음식물 반입을 허용하기 때문에 가방 안에 음식물이 있어도 신경 쓰지 않는다. 레고랜드 같은 경우는 음식물 반입을 허용하지만 물 이외의 음료수만 제한하고 있는데, 디즈니랜드는 아무런 제한이 없다. 할 수 있다면 음료수나 간단히 당을 채워줄 간식거리를 챙겨가도록 하자. 다시 말하지만 셀카봉과 삼각대는 절대 반입이 되지 않는다. 워낙 사람들이 많은 곳이다 보니, 사진을 찍기 위해 기다란 봉을 움직이다 이리저리 치일 수 있기 때문인 것 같다. 가방 검사 시 셀카봉이 있으면 무조건 압수당한다.

가방 검사가 끝나면 이제 테마파크 입장을 위해 다시 줄을 서야 한다. 가방 검사를 하는 곳에서 우측 대각선 쪽으로 사람들이 또 줄 서 있는 것을 볼 수 있다. 여기서는 프린트 해 온 티켓을 보여주거나 이메일로 전송된 구매확인증의 바코드를 보여주면 바코드 스캔 후 종이로 된 티켓을 나눠준다. 받은 표에 바코드가 찍혀 있는데, 받는 즉시 디즈니랜드 앱에 연동시키자. 그러면 이제부터 즐길 일만 남은 것이다.

입장 후에 바로 할 것

디즈니 공주님들 싸인(autograph) 받기

한국 테마파크에 입장하는 사람들을 보면 입장하자마자 제일 인기 있는 어트랙션으로 뛰어간다. 디즈니에서는 이런 모습은 보이지 않으나 그래도 입장

디즈니랜드의 공주님들은 아이들에게 친절하게 말을 걸어주고 사인을 해준다

후 먼저 하면 좋은 것들이 있다.

시간이 조금 여유롭다면 입장하고 바로 보이는 디즈니랜드 철도청 건물과 화단을 배경으로 기념 사진을 촬영하도록 하자. 많은 사람들이 이곳에서 디즈니랜드 방문 인증샷을 찍는다. 화단이 미키 마우스 모양으로 꾸며져 있어 찾기는 어렵지 않다. 그리고 가족 중에 여자 아이가 있다면 화단 근처에 백설공주와 신데렐라가 팬사인회?를 열고 있으니 같이 기념 사진 한 장 찍어 주도록 하자.

디즈니랜드 공주님들은 한국아이들에게는 엄청난 감흥이 아닐 수도 있지만 미국 여자아이들에게는 셀럽에 버금갈 정도로 인기가 많다. 디즈니 방문 날짜가 정해지면 설레는 마음으로 본인이 좋아하는 공주에게 팬레터를 쓰기도 한다. 그리고 디즈니랜드에 가서 그 공주님에게 수줍게 팬임을 고백하고 사진을 찍는다. 미국 각지에서 이런 소녀들이 모이기 때문에 사진을 찍기 위해 기다리는 시간이 길어질 수도 있다. 줄이 너무 긴 경우에는 아이의 의사 판단에 맡기자.

디즈니랜드 기념 배지들. 이 배지들을 가득 달고
다니는 사람들도 쉽게 볼 수 있다

시청에서 기념품 챙기기

화단에서 기념촬영이 끝났다면 이제 디
즈니랜드 시청(City Hall)으로 가자. 화단을 지
나면 바로 왼편에 철도청 건물 앞이 나오고 그 다
음에 있는 건물이 디즈니랜드 시청이다. 시청에서는 여러 가
지 기념 배지와 관광 정보를 얻을 수 있다. 기
념 배지는 종류가 상당히 다양하다. '첫 방문
배지', '생일 배지', '결혼기념일 배지' 등이 있고, 모두 한 번에 받을 수도 있다.
'오늘이 첫 방문이고, 생일이 다가오고 있으며 결혼기념일도 근처다'라고 하면
아주 기분 좋게 몇 개를 주면 되냐고 묻는다. 미국 현지인들은 이 배지를 디즈
니랜드에 머무는 동안 옷이나 가방에 달고 다니는 사람이 많으니 분위기에 동
참하고 싶으면 걸고 그렇지 않으면 기념으로 잘 챙겨놓자.

판타즈믹 쇼 표 구하기

디즈니랜드 도착이 늦었거나 일정에 여유가 없다면 사진과 기념 배지는 나
중에 챙기고 바로 판타즈믹 표를 얻으러 가자. 판타즈믹은 호수의 물을 소재
로한 야간 공연이다. 물과 조명, 불꽃 등을 이용하고 거대한 캐리비안 해적선
과 유람선이 등장하여 장관을 연출하기도 한다. 단연코 디즈니랜드 공연 중
최고라고 할 수 있다.

그렇기 때문에 판타즈믹을 보기 위한 경쟁은 상당히 치열하다. 공연은 밤

판타즈믹 표는 유람선을 탈 수 있는 마크 트웨인 선착장 옆 보라색 박스에서 구할 수 있다

9시와 10시 30분 두 번진행되는데 아이들의 체력을 생각하면 9시 공연을 보는 게 낫다. 호수가 워낙 넓어서 굳이 기다리지 않고 지나가면서도 공연을 볼 수 있지만 제대로 보이지는 않는다. 그렇기 때문에 현지인들은 디즈니랜드에 입장하자 마자 판타즈믹을 관람할 수

발권기에 도착하면 입장권의 바코드를 인식시키면 왼쪽에서 표가 발권된다

있는 표를 끊는다. 표는 마크트웨인 선착장 옆에서 자동으로 발권되는데 매진이 되면 발권기를 치우기 때문에 늦게 도착하면 발권기 마저 찾아볼 수 없다. 맥스패스를 발권하였더라도 판타즈믹 공연만은 앱으로 예약이 되지 않으니 주의해야 한다.

호수 위에 아름다운 조명을 배경으로 동화 속 주인공들이 우릴 환상의 세계로 인도한다

　　그런데 이 입장권을 끊었더라도 무대 중앙 쪽 자리에서는 공연을 관람할
수가 없다. 중앙 쪽 자리는 특별한 프로그램을 예약한 단체관람객이나 판타즈
믹 다이닝 패키지를 예약한 사람들에게 할당되어 있다. 그러니 입장권을 구했
더라도 중앙에서 살짝 치우친 위치의 공간에서 관람하게 되는데 의자가 있는
것이 아니라 바닥에 앉아야 한다. 그리고 선착순으로 입장하기 때문에 입장하
자 마자 재빨리 적당한 자리를 맡아 앉아야 한다. 이 때 돗자리나 피크닉매트
가 있으면 편리하다.

　　우리 가족도 첫 날은 가장자리 쪽에서 답답하게 관람하여서 둘째 날은 좋
은 자리를 얻기 위해 공연시간 2시간 전인 오후 7시부터 줄을 섰다. 7시에 갔
는데도 한 미국인 모녀가 이미 줄을 서 있었다. 약 2시간을 기다리는 동안 그

공연 내내 아이들은 깔깔대며 웃었고, 내용을 다 아는 어른들조차 푹 빠져들어 보게 된다

모녀와 이런 저런 이야기를 하며 무척 친해지기도 하였다. 9시 10분전에 관람
장소로 입장하였는데 입장하고 나서야 무대 앞 중앙 공간에는 앉을 수 없다는
것을 알았다. 7시부터 기다렸지만 아주 좋은 장소라고 할 수 없는 장소에 피크
닉 매트를 폈고 우리 가족은 그 모녀와 함께 앉아 관람을 기다렸다.

하지만 공연이 시작되는 순간, 그 2시간의 기다림이 그리 헛되지 않았다는
생각을 하게 됐다. 남자 어른도 충분히 가슴이 벅차오름을 느낄 수 있는 공연
이다. 혹시 판타즈믹을 정면에서 제대로 관람하고 싶으면, 홈페이지에서 판매
하고 있는 '판타즈믹 다이닝 패키지'를 노려보는 것도 나쁘지 않다. 비용은 좀
들지만 어차피 저녁 식사는 해야 하니 편하게 식사를 하고 기다릴 필요 없이
좋은 장소에서 편하게 공연을 보는 옵션도 나쁘지 않다.

좌석이 마련된 극장 중 가장 큰 규모의 판타지랜드 시어터, 좌석이 많아 보이지만 매 공연 만석이다.

어린이들은 각자 다스베이더와 1:1 대결을 벌일 수 있는 특권이 주어진다

공연들

★ 로얄 시어터(Royal Theater)

로얄 시어터에서는 유명한 디즈니 영화, 애니메이션 중의 하이라이트 장면을 재구성해서 보여준다. 약 22분 동안 공연이 진행되며 시기별로 작품이 변경된다. 우리 가족이 본 공연은 '미녀와 야수'였다. 무대가 아이들 코 앞에 있고, 시작 전에 한 배우가 나와서 아이들과 교감을 하며 여러 가지 주의 사항을 알려준다. 그런데, 짧은 공연이라고 무시할 퀄리티가 아니다. 배우자들의 노래와 연기 실력은 상당한 수준이다. 나중에 레고랜드 소개에서도 언급하겠지만 레고랜드의 공연은 정말 실망스러운 수준이기 때문에 더욱 디즈니랜드가 돋보이는 것 같다.

★ 판타지랜드 시어터(fantasyland theatre)

판타지랜드 시어터는 디즈니랜드 내 판타지랜드에 있는 야외 공연장이다. 일년 내낸 거의 '미키의 마법 지도'라는 공연이 진행되는데, 미키가 여행을 하며 디즈니의 주인공들을 만나고 다니는 내용이다. 상당히 큰 규모의 공연장이

기 때문에 공연 내용도 웅장하다. 추억 속의 뮬란, 스티치부터 아주 유명한 인어공주까지 골고루 디즈니 주인공들을 만나볼 수 있다.

★ 투모로우 랜드 시어터(Tomorrow Land Theater) 공연

투모로운 랜드는 '미래'가 테마다. 그래서 디즈니의 FX 콘텐츠인 스타워즈, 토이스토리의 버즈 등을 소재로 한 어트랙션들이 있다. 평소에도 인기가 많은 콘텐츠라서 디즈니랜드의 다른 구역 보다 훨씬 관광객이 많은 편이다. 이 곳에는 상당히 큰 규모의 공연장이 있는데 시간마다 스타워즈를 소재로 한 공연이 진행된다. 이 공연은 참여형 공연이어서 공연 사전에 관광객 아이들을 대상으로 참여 신청을 받는다. 아이가 간단한 영어를 할 줄 안다면 참여 신청을 해보는 것도 좋다. 공연이 시작되면 아이들은 로브를 입고 광선검을 들고 제다이들에게 검술 훈련을 받는다. 훈련을 마치면 다스베이더와 광선검 대결을 펼치게 되는데 그 모습이 상당히 진지해서 절대 공연이 어설퍼 보이지는 않는다.

★ 퍼레이드

디즈니 퍼레이드는 오후 3시 30분과 6시 하루 두 번 공연한다. 시즌별로 공연이 바뀌기 때문에 방문 시에 어떤 공연이 진행될지 때에 따라 다르며, 특히 인기 있는 퍼레이드는 디즈니 캐릭터 퍼레이드와 픽사 퍼레이드 정도이다. 그러나 그 어떤 퍼레이드라도 신나는 음악과 함께 충분히 즐길 만하다.

오후 3시 30분 공연은 여름 시즌에 방문했다면 되도록 피하도록 하자. 디즈니 퍼레이드도 꼭 봐야 할 공연이기 때문에 공연 시작 1시간 전부터 사람들이 길가에 자리잡기 시작한다. 하지만 아이들을 데리고 강렬한 캘리포니아 햇살을 견디며 1시간을 기다리기가 쉽지 않다. 오후 6시 30분에는 해가 지진 않

픽사 퍼레이드에서 가장 인기가 많은 토이스토리 캐릭터들, 오른쪽 위 물구나무는 인형이 아닌 사람이다

오후 8시경 찍은 사진. 9시 30분 불꽃쇼지만 이미 캐슬 앞은 사람으로 가득 차 앉을 자리가 없다.

지만 그래도 조금 더 수월하게 기다릴 수 있다.

★ 불꽃쇼

잠자는 숲속의 공주 성(일명 디즈니 성)을 배경으로 화려한 불꽃이 터지는 장면은 한국 사람들에게도 친숙한 장면이다. 디즈니 사가 배급한 영화의 시작 장면으로도 많이 쓰일 정도로 디즈니 불꽃쇼는 미국 현지인들에게 상징적인 의미가 강하다. 오후 9시 30분에 진행하는 불꽃놀이는 판타즈믹 쇼가 끝난 직후 바로 이어진다. 그래서 안타깝지만 판타즈믹 쇼를 보기로 선택했다면 불꽃쇼를 정면에서 볼 시간적 여유가 없다. 이틀 입장권을 끊었다면 하루는 판타즈믹, 하루는 불꽃 쇼를 위해 일정을 배분하도록 하자. 그리고 여름이라도 캘리포니아 저녁은 상당히 쌀쌀하기 때문에 겉옷 하나씩은 추가로 챙기자.

탈 것들

★ **빅썬더 마운틴**(Big thunder mountain)

빅썬더 마운틴은 상당히 인기 있는 어트랙
션으로, 산 주위를 도는 롤러코스터라고 생각하
면 된다. 그런데 360도 회전을 하지는 않아서 아주 무
서운 편은 아니다. 열차가 올라가는 산도 언덕 수준으로 상당히 낮다. 그래도
10살, 6살 아이들에게는 무척 공포스러웠나 보다. 둘째는 기어이 울음을 터트
렸던 어트랙션. 디즈니랜드는 아이들의 눈높이로 만들어진 테마파크여서 빅
썬더 마운틴이 가장 무서운 편에 속한다. 놀이 공원 좀 다녀본 한국 아빠 엄마
들은 이 정도쯤은 싱겁다고 생각할지도 모르겠다.

★ **버즈 라이트이어 애스트로 블래스터**(Buzz lightyear astro blaster)

아이들이 뽑은 '1픽'이다. 우리 가족은 버즈 라이트이어를 10번도 넘게 탔
다. 물론 인기 있는 어트랙션이니 대기하는 줄은 엄청나게 길다. 맥스패스가
있다면 제대로 활용해보자. 회전율이 상당히 빠른 어트랙션이라 맥스패스를
이용하면 거의 기다리는 시간 없이 바로 이용할 정도
이다.

2열로 된 열차를 타고 진행방향에 나타나
는 악당들을 레이저 건으로 쏘아서 점수를
획득하는 어트랙션이다. 타고 있는 열차
에 점수가 표시되며 옆에 앉은 사람과 점
수 경쟁을 한다. 엄마와 딸, 아들과 아빠가

열차처럼 생긴 기구를 타고 악당들을 향해 레이저 건을 쏴주
면 점수가 올라간다

타고 점수 내기를 하면 한 바탕 재미있게 즐
길 수 있다.

보트를 타고 유유히 실내를 한 바퀴 돌아 다시 바깥으로
나온다

★ 이츠 어 스몰 월드(It's a small world)

아주 정적인 어트랙션이다. 잔잔히 흐
르는 물에 보트를 띄우고 올라타서 전 세계
를 구경하러 가자. 우리가 알고 있는 거의 모든
나라가 등장하며 나라별 특징을 짚어내 작은
인형들로 표현했다. 물론 한국도 있는데, 소
몰이 아이와 사물놀이를 하는 사람들 정도로만 표현됐다. 아직 한류가 유행하
기 전에 만들어 진 것들이라 조선시대 느낌이 강한 것은 좀 아쉽다. 우리 아이
들도 왜 한국 섹션에 소몰이 아이가 있는지 계속 물어보기도 하였다.

중독성이 강력한 후크송이 무한 반복 되어서 어트랙션을 타고 난 뒤에도
거의 하루 종일 입가에 '잇즈 어 스몰 월드' 주제가 흥얼거려진다. 주로 실내
를 돌기 때문에 더위를 식히기에도 적당한 어트랙션이다. 유치원생에게 적극
추천하며 활동성이 많은 초등학생에게는 어트랙션이 너무 잔잔하여 안 맞을
수도 있다.

★ 니모를 찾아서(Finding Nimo)

잠수함을 타고 바닷속을 탐험하며 니모를 찾는 정적인 어트랙션. 어른들에
게는 다소 지루할 수 있지만 초등학생들까지 좋아할 만한 어트랙션이다. 단,
'니모를 찾아서'는 맥스패스를 사용할 수 없고 현장에서 차례를 기다렸다 타
야 한다. 오전 일찍이라면 대기시간 20분 정도이며 점심시간 가까워지면 50

분은 기본적으로 기다려야 한다. 이 잠수함 어트랙션은 실제로 물속으로 들어가는데 물속 지형 지물과 '니모를 찾아서' 캐릭터들이 출연한다. 캐릭터들은 AR과 홀로그램으로 재생된다. 소소한 재미를 주는 어트랙션이다.

★ 스페이스 마운틴(Space Mountain)

스페이스 마운틴은 디즈니랜드에서 가장 오래 기다려야 하는 어트랙션이다. 맥스패스를 이용하더라도 예약할 수 있는 시간이 상당히 제한적이다. 이름값을 한다고 해야 할까? 기다리는 곳부터 우주 정류장에 온 느낌을 전달해주며 볼 것도 상당히 많다.

어두운 우주공간을 탐험하는 컨셉트라 빛이 하나도 없는 깜깜한 순간들도 많다. 그래서 공포가 더욱 배가되지만 갑자기 보이는 성운들과 별들은 상당히 멋진 장관을 연출한다. 하지만 공포가 조금 더 큰 것 같다. 초등학생 저학년 아이들 정도면 어트랙션을 타는 동안 거의 눈물바다이다. 디즈니랜드는 유니버셜 스튜디오처럼 차일드 스위치 제도가 없다. 그래서 어른들이 타고 싶다면 어른 중 한 명만 줄을 서서 타거나 아이들에게는 미안하지만 '무섭지 않은 별 보는 어트랙션' 정도로 아이들을 설득하여(?) 함께 타야 한다.

★ 마터호른 봅슬레이(Matterhorn Bobsleds)

디즈니랜드에서 가장 큰 산을 내려오는 봅슬레이 컨셉트의 어트랙션. 그런데 무섭지도 않고 좌우로 엄청 흔들리기 때문에 봅슬레이에 몸이 부딪혀서 상당히 아프다. 스페이스 마운틴처럼 아무 빛도 들어오지 않는 공간이 있는데, 그런 곳 말고는 스릴을 느낄 수가 없다. 굳이 타지 않아도 될 기구. 이 책에 소개하는 것도, '굳이 타지 마세요'란 메시지를 전달하기 위함이다.

디즈니랜드 기념품

역시 테마파크에 갔다면 기념품 한 두 개쯤은 구매하는 것이 추억 남기기에도 좋고 기분을 더 끌어낼 수 있는 방법이다. 우선 여자 아이라면 미키마우스 머리띠가 적당한 기념품인 것 같다. 머리띠를 하면 부수적인 장점도 있다. 미국인들에게는 디즈니가 워낙 친숙하기 때문에 미국 다른 지역을 여행할 때 미키마우스 머리띠를 보고 웃어주는 현지인들이 많다. 머리띠를 매개채로 친숙하게 말이 잘 통하니 길 하나를 물어보더라도 훨씬 수월하다.

남자 아이는 스타워즈 광선검이 제격이다. 디즈니랜드 투모로우랜드 기념품 점에서 스타워즈 광선검을 DIY로 제작할 수 있다. 광선검의 색은 물론 손잡이의 모양까지 내 마음대로 제작할 수 있다. 휴대하기 쉽게 잘 접히는 형태로 만들어져 있으며, 검을 휘두를 때 마다 영화에서처럼 '웅~'하는 소리가 나서 더욱 실감난다.

스타워즈 기념품 스토어에 마련된 DIY 광선검 섹션

머스트 해브(must-have) 아이템인, BB-8 음료수병과 크리스마스 장식(Ornament)

이외에 개인취향이지만 가장 잘 샀다고 생각하는 물품 중에 하나가 음료수 병이다. 스타워즈 로봇 캐릭터인 BB-8의 모습을 한 음료수병이었는데, 처음에 살 때는 음료수를 가득 채워준다. 그리고 시즌은 맞지 않았지만 미키마우스 크리스마스 장식이 너무 이뻐서 한 여름인데도 구매를 하지 않을 수가 없었다.

디즈니랜드 먹거리

역시 배가 고프지 않아야 놀이공원도 더 즐겁게 놀 수 있는 법. 디즈니랜드 에서 한 번쯤 먹어 볼만한 먹거리에는 터키(칠면조 다리), 올라프 아이스크림, 미 키 샌드위치 아이스크림이 있다. 먼저 거대한 칠면조 다리는 관광객은 물론 현지인들에게도 인기가 높은 음식으로 디즈니랜드 곳곳에 팔고 있다. 다리 하나에 11.49달러인데 디즈니랜드 안에서는 상당히 저렴하면서도 풍성한 먹거리로 정평이 나있다.

★ 거의 아이 머리만한 칠면조.

어떤 아이스크림이 맛이 없겠냐 만은 특히 올라프 모양의 아이스크림과 미키마우스 아이스크림이 맛도 좋고 인기도 좋다. 디즈니랜드 곳곳에 마련된 아이스박스에서 살 수 있으며 하나만 맛볼 생각이면, 미키마우스를 추천한다. 맛은 물론이고 모양까지 이쁘니 사진 한 장 기념으로 찍고 맛보기 딱이다.

끝으로 아주 많은 사람들이 5달러라는 저렴한 가격에 이끌려 한 번 사보는 것이 미키마우스 프레즐이다. 어른 머리 정도 크기의 미키마우스 모양 프레즐인데 상당히 먹음직스럽게 생겼다. 하지만 프레즐 한 개를 우리 가족 4명이 다 먹지 못하고 버렸을 정도로 맛이 없다. '마터호른 봅슬레이'와 마찬가지로 '절대 먹지 마세요'라고 말하기 위해 지면을 할애해서 쓴다.

거의 아이 머리만한 칠면조

디즈니랜드 대표 탈 것/
볼 것

디즈니랜드 어트랙션 별로 우리 부부의 후기와 아이들의 후기를 표시해 놓았다. 어른과 아이들이 동시에 만족한 것도 상당 수 있으니 우측 표를 참고해서 동선을 짜보자.

원래는 1번부터 12번 순서대로 가려고 했지만 예약이 쉽지 않았다. 맥스 패스를 이용한다면 앱으로 대기시간을 확인하고 예약이 빠른 곳부터 바로 가자.

어트랙션을 타는 순서를 정할 때 팁이 있다면 '무서운 것은 나중에'이다. 처음부터 무서운 것들을 타면 아이들은 어트랙션을 아예 타지 않으려고 한다. 재미를 붙일 수 있는 정도의 어트랙션부터 경험하며 워밍업(?)을 해 두자.

디즈니랜드 풍선이랑 인생샷 남기기

디즈니랜드에는 어마어마한 양의 풍선을 들고 다니며 파는 점원이 있다. 알록달록한 미키, 미니마우스 등 디즈니 캐릭터 풍선들을 들고 사진을 찍으면 인생샷을 남길 수 있다. 풍선 파는 점원이 보이면 우선 찾아가자. 그리고 "Can I take a picture with balloons?" 라고 하면, 사진을 찍기 좋도록 풍선 손잡이를 만들어 준다. 점원은 손잡이 끝 쪽을 잡고 있는데, 사진 찍히는 사람은 손잡이 중간을 잡자. 그리고 점원을 사진 프레임에서 제외해서 찍으면 마치 수많은 풍선을 우리가 들고 있는 것처럼 찍을 수 있다.

디즈니랜드 대표 탈 것 / 볼 것

		FAST PASS	키 제한	어른 후기	아이 후기
	① **fantasmic 공연**	Yes	Any	★★★★★	★★★★★
	야간 공연, 파크 입장시 9시 공연 fastpass를 끊어놓는다				
Frontier land	② **Big Thunder Mountain Railroad**	Yes	102cm 이상	★★★★★	★★★★★
	기차를 타고 산에서 내려오는 롤러코스터 애들한텐 상당히 무섭다				
	③ **Storytelling at Royal Theatre**	No	Any	★★★★	★★★★★
	legendary Disney tales(라푼젤 등) 22분 공연 공연시각 (10:45, 12, 1:15, 3, 4:15, 5:30)				
Adventure land	④ **Indiana Jones™ Adventure**	Yes	117cm 이상	★★★★	★
	키제한이 엄격한 만큼 강심장이 아닌 아이들은 무서워할 수도 있음				
Fantasy land	⑤ **MAtterhorn Bobsleds**	Yes	107cm 이상	★★★★	★
	봅슬레이처럼 누워서 빠르게 내려오기, 덜컹거려서 타고나면 몸이 좀 아프다…ㅜㅜ				
	⑥ **Star Tours**	Yes	102cm 이상	★★★★★	★★★★★
	4D 스타워즈 우주선 쇼, 아이들이 상당히 좋아함 (아이들같은 어른도 좋아함)				
	⑦ **Space Mountain**	Yes	102cm 이상	★★★★	★★
	별 빛 속에서 롤러코스터, 하지만 어두워서 아이들은 무서움				
Tomorrow land	⑧ **buzz lightyear astro blaster**	Yes	Any	★★★★★	★★★★★
	총쏘면서 타는 기구, 점수가 누적되어 레벨도 평가된다				
	⑨ **finding nemo submarine voyage**	No	Any	★★★★	★★★★★
	잠수함 타고 니모 찾기, 3D로 니모가 나옴				
	⑩ **Autopia**	No	81cm 이상	★★	★★★★
	애기들 자동차 운전. 4~5세 수준이고 더운날이면 비추(느리고 더울수도)				
Critter Country	⑪ **Splash Mountain**	Yes	102cm 이상	★★★	★★★
	후룸라이드				
중앙광장	⑫ **Fireworks**	No	Any	★★★★	★★★★★
	디즈니성 앞에 최소 7시부터 사람들이 앉아서 기다린다(불꽃은 9시 30분)				

레고랜드

입장권 구입하기

레고랜드 입장권 역시 공식 홈페이지, 여행사, 인터넷 쇼핑몰 등 여러 곳에서 살 수 있지만 그 중에 가장 저렴한 판매처는 '코스트코'이다. 때에 따라 여행사에서 아주 저렴하게 판매하기도 하는데, 방문 일자에 제한이 있거나 다른 부가적인 조건들이 추가되기 때문에 잘 판단해서 사야 한다.

레고랜드는 <레고랜드>, <시 라이프>, <워터파크> 이렇게 3가지 섹션으로 나뉘어져 있다. 흔히 레고랜드 하면 메인 테마파크인 '레고랜드'만 생각하기 쉽지만 레고랜드 안에는 워터파크도 있고 아쿠아리움인 시 라이프도 있다. 이 중에 워터파크는 아이들이 좋아할 시설 위주로 잘 갖춰져 있으니 시간이 허락한다면 수영복을 챙겨 이용해보도록 하자. 시라이프는 규모가 그리 크지 않아 한국의 아쿠아리움들이 더 경쟁력이 있을 정도니 큰 기대는 말자.

공식 홈페이지에서는 3가지 섹션을 혼합하
여 여러 옵션으로 입장권을 판매하고 있지만
가격이 사악하다.

코스트코 진열대에서 사진과 같은 파우치를 결제하면
상품 pick-up 공간에서 입장권으로 교환해준다.

　　사람들이 가장 원하는 레고랜드-워터파크 조합 하루 입장권인 원데이 워
터파크 하퍼(1-Day WATER PARK Hopper)를 133.99달러에 판매하고 있다.

　　그런데 우리가 코스트코에 갔을 때는 3가지 섹션을 모두 갈 수 있는 3일 입
장권을 89.99달러에 판매하고 있었다. 이 가격은 시즌별로 코스트코에서 다르
게 팔고는 있지만 대략 85~120달러에 판매하고 있다. 3일내내 모든 섹션을 갈
수 있는 입장권이지만 공식홈페이지보다 14~49달러나 싸다.

본격 즐기기

레고랜드는 다른 테마파크에 비해 규모가 그렇게 크지는 않다. 아무래도 초등학생-유치원생 고객들이 많아서 그런지 걷다가 지치는 일이 없을 정도의 규모로 구성되어 있다. 우리 가족은 3일권 패스를 샀지만 이틀만 이용했고(앞에서 말했듯 코스트코 3일권이 공식 홈페이지 2일권보다 싸다) 첫 날은 테마파크, 둘째 날은 워터파크를 이용하였다.

하루 안에 테마파크와 워터파크 둘 다 이용하려면 수영복으로 갈아입고 젖은 수영복을 들고 다녀야 하는 등 불편한 일들이 생긴다. 그래서 이틀 입장할 경우 하루씩 나누어서 이용하는 것이 더 효율적이고 편리하다. 만약 하루만 방문할 계획이라면 상대적으로 사람이 많지 않은 오전에 테마파크를 이용하고 온도가 올라가는 오후에 워터파크를 이용하는 것이 좋다. 샌디에고나 칼스배드(레고랜드가 있는 도시) 등 캘리포니아 남부 도시들의 여름 기온은 한국처럼 높지 않다. 날씨가 흐릴 경우 워터파크를 이용하기에 조금 서늘한 정도라서 물놀이는 오후에 즐기는 편이 더 낫다.

★ 레고랜드 동편

레고랜드 동선은 이것만 기억하자. 오른쪽은 좀 더 큰 아이들이 노는 공간, 상대적으로 왼쪽은 좀 더 어린 아이들이 놀기에 적합한 공간이다. 먼저, 오른쪽의 대표 어트랙션을 소개하자면 <레고 닌자고>, <레고 테크닉 코스터>, <웨이브 레이서> 등이 있다.

참고로 레고랜드는 오후 6시 정도면 대부분의 가족단위 관람객들이 퇴장하고 거의 모든 어트랙션이 평균 대기시간 5분 정도로 한산해진다. 인기 어트

오후 6시 이후의 닌자고 어트렉션 입구
의 모습. 대기시간이 5분으로 표시되어
있다

랙션이 있다면 굳이 계속 기다려서 타지 말고 다른 어트랙션을
먼저 즐긴 후 저녁시간을 이용해 인기 어트랙션을 이용하자.

<레고 닌자고>는 4D를 이용한 어트랙션이며 표창을 던지
는 동작을 취하면 화면 속에 실제로 표창이 날아간다. 다이내믹
한 애니메이션을 배경으로 적군에게 표창을 던져 처치하는 게임
이며 4명이 한 조가 되어 경쟁한다. 별 것 아닌 것 같지만 팔이
얼얼할 정도로 집중해서 열심히 하게 된다. 우리 가족은 저녁 6
시부터 7시까지 계속 레고 닌자고만 탔고 저녁 식사 후에 또 30분을 더 타고
나왔다. 레고랜드에서 가장 추천하는 어트랙션 중 하나다.

<레고 테크닉 코스터>는 롤러코스터이지만 특이하게 정적이다. 롤러코스
터가 정해진 트랙을 따라 천천히 움직인다. 그런데 그 높이가 20미터는 족히
되어서 상당한 공포를 안겨준다. 마지막 부분에는 롤러코스터 이름에 맞게 급

하강을 딱 한 번 하는데 정적인 상태에서 급하강을 해서 그런지 여느 롤러코스터 못지않게 짜릿하다. 상당히 무섭지만 정적이어서 만4세부터 이용이 가능하며 어른들도 만족하는 편이라서 기다리는 줄이 긴 편이다.

<웨이브 레이서>는 작은 인공 호수에서 타는 어트랙션이다. 어트랙션이 빠른 속도로 물위를 원형으로 돌고 어트랙션 주위로 갑자기 물폭탄이 터진다. 물을 피하는 재미도 있고 물폭탄이 터지는 소리가 상당히 커서 스릴이 있다. 다만, 옷이 상당히 많이 젖기 때문에 조금 유의해야 한다.

★ 레고랜드 서편
레고랜드 서쪽은 동쪽에 비해 상대적으로 정적인 어트랙션이 많다. 레고로

만들어진 미국 주요 도시(라스베이거스, 뉴욕 등)도 있고 배를 타고 호수를 돌며 구경하는 <코스트 크로즈>같은 어트랙션도 있다. 그 중에서도 인기 있는 어트랙션은 <드라이빙 스쿨>, <사파리 트랙>, <펀 타운 폴리스 파이어 아카데미> 이다.

<드라이빙 스쿨>은 <주니어 드라이빙 스쿨>과 이웃하여 있다. 둘 모두 레고자동차를 운전하여 레고마을을 드라이빙하는 컨셉트다. 초등학생은 드라이빙 스쿨을 이용하고 유치원생은 주니어 드라이빙 스쿨을 이용하면 된다. 운전을 마치고 나면 운전면허증을 발급해 주는데 <주니어 드라이빙 스쿨>에서는 수기로 이름을 쓸 수 있는 운전면허증을, <드라이빙 스쿨>에서는 사진까지 들어간 운전면허증을 발급해 주는데 사진이 들어간 버전은 유료이다.

<사파리 어택>은 정해진 트랙을 따라 도는 자동차를 타고 레고 동물들을 구경하는 어트랙션이다. 정교하게 만들어진 레고 동물들을 보는 재미가 있다. 이 어트랙션도 아이들에게 인기가 많아서 대기 줄이 길다. 평일 낮에도 사람이 많을 때면 40분 정도는 기다려야 한다. 항상 대기 시간이 길어서인지 대기하는 장소에 아이들이 갖고 놀 수 있게끔 듀플로 블록이 준비되어 있다.

<펀 타운 폴리스 파이어 아카데미>는 경찰차나 소방차를 타고 사건현장에 도착하여 물을 쏴서 불을 끄거나 경찰을 잡는 어트랙션이다. 어트랙션은 4인용이라 가족단위로 이용하기 좋다. 어트랙션을 탄 사람들이 펌프질을 하여 경찰차와 소방차를 수동으로 움직여야 하고 그렇기 때문에 아빠의 힘이 절대적으로 필요하다. 4대의 차가 동시에 움직여 순위를 가리기 때

문에 가족 간의 경쟁도 유발시켜서 아빠의 팔은 더 아파진다. 테마파크 어트랙션에서는 보기 드물게 육체적인 힘이 필요하며 같이 타는 사람들의 협동심이 중요하다.

어트랙션은 아니지만 레고랜드 중간 즈음에 레고로 만들어진 도시들이 있다. 미국 주요 도시들을 레고로 표현해 놓았으며 상당히 규모가 크고 기념 사진 찍기에도 좋다. 우리 가족이 앞으로 여행할 샌프란시스코(금문교), 라스베이거스(호텔들)를 미리 만날 수 있어, 상당히 반가웠었다. 아이들에게도 "저 도시는 이미 봤었지?" 혹은 "저기가 앞으로 갈 곳이야"라고 말해주면 더 신기해하며 쳐다보고 무언가를 곰곰이 생각한다. 여행에서의 어른들의 역할은 이렇게 아이들이 생각을 좀 더 해주도록 하는 것이 전부인 것 같다.

레고 시티 중 뉴욕. 건물들의 주위가 호수여서 더욱 뉴욕을 생각나게 한다

★ 워터파크

레고랜드 워터파크는 그다지 큰 규모는 아니다. 그래서 오히려 아이들을 풀어놓고(?) 어른들은 조금 여유를 즐길 수 있다. 물과 함께하는 놀이터가 몇 가지 이어져 있는 구조이며 아이들에게 언제나 인기인 '유수 풀'도 설치되어 있다. 전신 드라이어기(유료) 등 편의 시설도 있으니 참고하자.

워터파크 자체로는 소개할 것이 크게 없지만 수영복을 입고 이용하면 좋은 레고랜드 어트랙션이 두 가지 있어 소개한다. 워터파크를 이용하다가 심심해질 때쯤 이용하면 딱 좋다. 단, 티켓이 워터파크와 레고랜드 둘 다 입장 가능한 옵션일 때 이 방법을 이용하길 바란다.

먼저 <파이릿 리프(Pirate Reef)>는 엄청나게 큰 후룸라이드이다. 한국 후룸라이드와는 달리 배를 타고 유유자적 흘러가는 구간은 없다. 시작부터 하강을 위해 언덕을 올라가기 시작하며 정점에서 떨어지면 '끝'이다. 그런데 그 떨어

지는 과정이 지금 것 타본 후룸라이드 중에 가장 짜릿했다. 무엇보다 튀는 물의 양이 어마어마하고 이 물이 5~6미터 정도 튀어 오른 후 그대로 배로 떨어진다. 그래서 수영복이 아닌 옷을 입고 레고랜드에 오면 이 어트랙션을 이용하는 것은 엄두도 낼 수 없다.

후룸라이드가 하강할 때 튀는 물 때문에 그 큰 배가 보이지 않을 정도이다

나머지 또 하나, 수영복을 입고 타면 좋은 어트랙션은 <스플래시 배틀(Splash Battle)>이다. 마찬가지로 배를 타고 움직이는 어트랙션이지만 움직이는 속도가 아주 느리며 배에는 물총이 달려 있어서 지나가는 사람에게 쏠 수 있다. '어떻게 지나가는 사람을 쏘지?'라고 생각할 수 있지만, 지나가던 사람도 밖에 설치된 물총으로 배를 공격하니 서로 시원하게 마구 쏘면 된다. 어차피 배를 타고 가면 먼저 외부에서 공격(?)이 시작되기 때문에 맞받아 공격하면 된다. 서로 모르는 사람끼리 물총싸움을 해보는 진귀한 경험도 얻을 수 있다.

트레이드 위드 미 (Trade with me)

레고랜드 직원들은 가슴에 레고로 된 명찰을 달고 다닌다. 그 명찰에는 레고 피규어도 달려 있고 관람객이 교환을 요청할 수 있다. 그래서 레고랜드를 갈 때는 평범한 피규어 한두 개 정도는 가지고 가는 것을 추천한다. 가끔 상당히 비싸게 거래되는 희귀 피규어를 발견할 수도 있고, 그냥 교환을 하더라도 아이에게 하나의 즐거운 경험이 될 수 있기 때문이다. 교환하는 방법은 간단하다. 직원에게 가서 '트레이드 위드 미(Trade with me)'라고 외쳐주면 된다. 직원별로 가끔씩 이렇게 교환용 피규어를 왕창 가지고 다니기도 한다.

직원별로 가끔씩 이렇게 교환용 피규어를 왕창 가지고 다니기도 한다.

	탈 것		추천
EXPLORER LAND	coastersaurus	90cm면 보호자 동반 롤러코스터	★★★★★
	사파리트랙	자동차타고 레고로만든 동물 구경	★★
	fiary tale brook	작은배를 타고 유유자적 레고로 만든 동화 구경	★★
LEGO FRIENDS HEARTLAKE CITY	레고프랜즈 공연	여자애들이 좋아할 듯, 공연은 실제 애니와 너무 다름	★
FUN TOWN	lego land express	장난감 기차…조용…여유… 5살 이하 정도에 추천	★
	듀플로 플레이타운	정말 듀플로 좋아하는 5~6세 정도에 추천	★
	kid power tower	미니 자이로드롭	★★★
	스카이패트롤	아래위로 움직이는 아기자기 기구, 에버랜드에도 있음	★★
	드라이빙스쿨	주니어드라이빙(만3~5), 드라이빙스쿨(6~13) 면허증도 줌	★★★★
	fun town police and fire academy	레고 경찰차/소방차 타고가서 불끄고 범인 잡기	★★
	skipper school	배운전하기 인기 많음, 85cm이상 보호자 동반	★★★★
Piarate shores	captain crankys challenge	85cm이상 동반탑승하는 미니 바이킹	★★★★
	piarate reef	후룸라이드, 90cm이상 동반탑승	★★★★
castle hill	드래곤코스터	초등학교 1~2학년 수준, 키 100cm(40인치) 이상 보호자 동반	★★★★
imagination zone	레고 테크닉 롤러코스터	롤러코스터, 키 105cm(40인치) 이상 보호자 동반	★★★★
	aquazone wave racers	물위 보트, 키 100cm(40인치) 이상 보호자 동반	★★★★

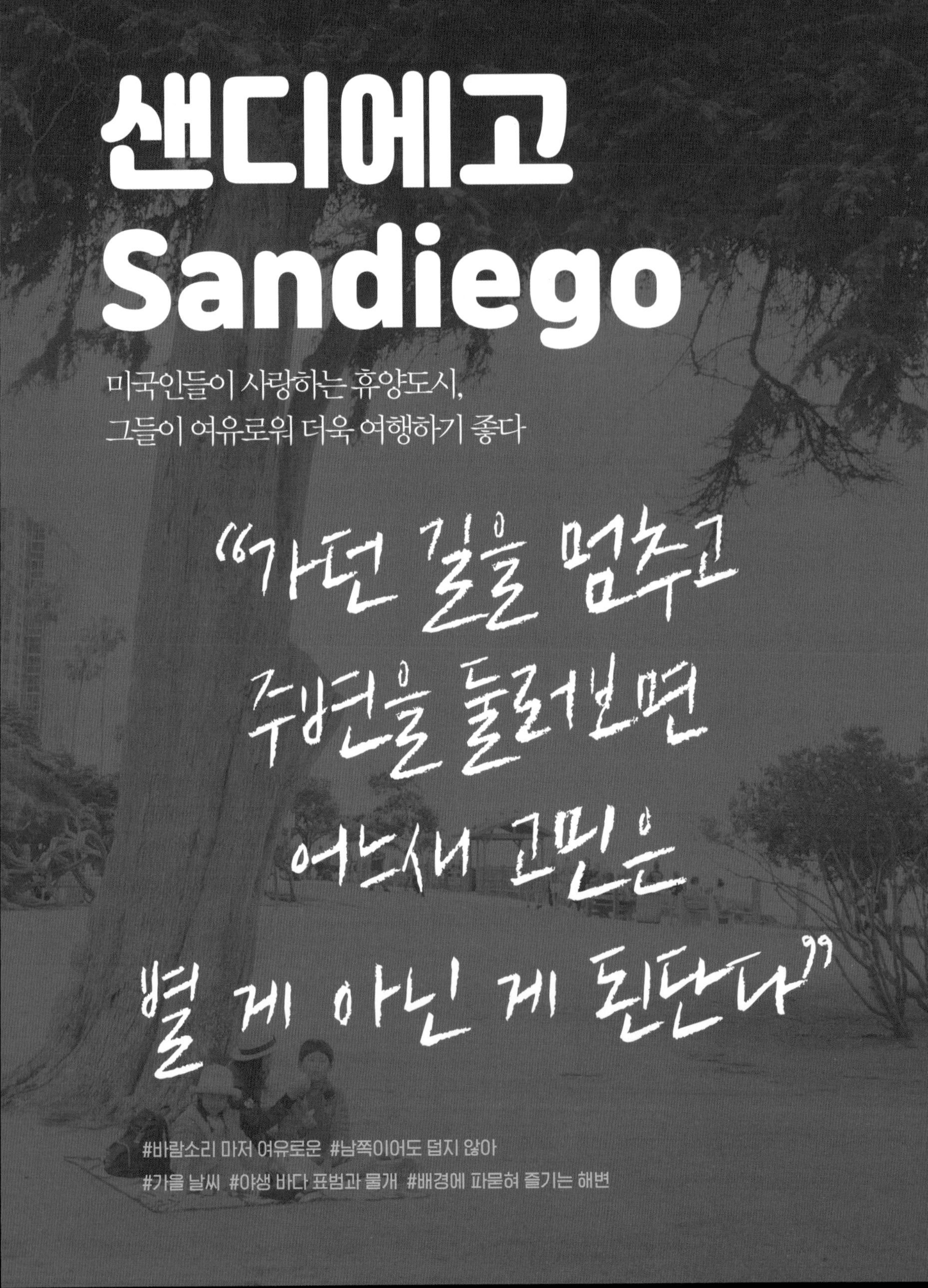

샌디에고
Sandiego

미국인들이 사랑하는 휴양도시,
그들이 여유로워 더욱 여행하기 좋다

"가던 길을 멈추고
주변을 둘러보면
어느새 고민은
별 게 아닌 게 된단다"

#바람소리 마저 여유로운 #남쪽이어도 덥지 않아
#가을 날씨 #야생 바다 표범과 물개 #배경에 파묻혀 즐기는 해변

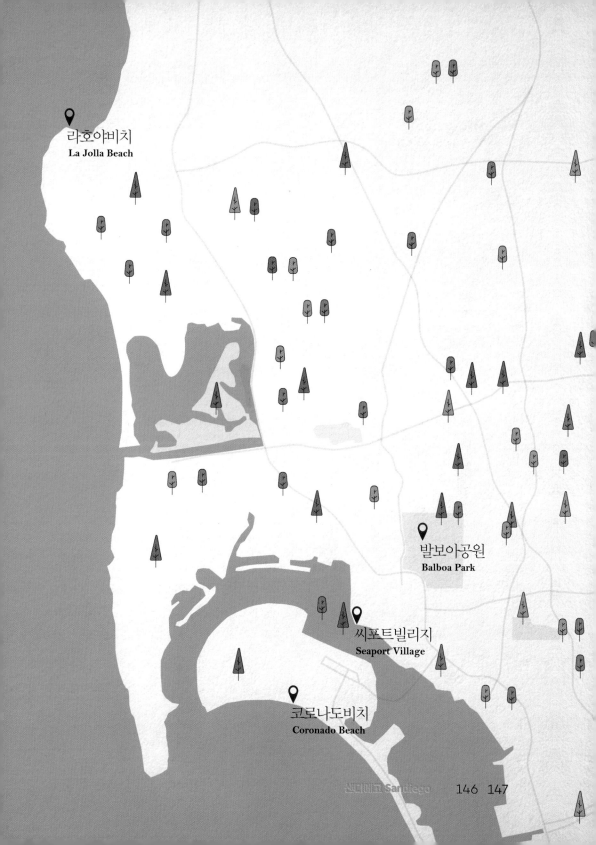

라호야비치
La Jolla Beach

발보아공원
Balboa Park

씨포트빌리지
Seaport Village

코로나도비치
Coronado Beach

샌디에고 Sandiego   146 147

샌디에고의 해변들

라호야 비치(La Jolla Beach), 라호야 코브

미국 지명에는 스페인어가 자주 사용되기 때문에 스페인어를 보더라도 크게 어색하지는 않았다. 그런데 유독 'J'가 스페인어로 사용될 때 'ㅎ' 발음이 나는 부분은 쉽게 적응이 안 되는 것 같다. 처음에는 자꾸만 '라 졸라 비치'라고 읽게 되었던 라호야 비치. 대부분의 관광 도서에는 라호야 비치의 특징으로 '바다사자를 볼 수 있는 해변'을 내세우고 있다.

그런데 구글지도에서 한국어로 '라호야비치'를 검색하면 '라호야 비치(La Jolla Beach)'와 '라호야 쇼어 비치(La Jolla Shore Beach)'가 검색결과로 나오고 영어로 'La Jolla Beach'를 검색하면 '라 호야 코브(La Jolla Cove)'가 결과로 나온다. 세 곳 모두 한 해변 라인을 따라 쭉 이어지는 코스인데, 관광객이 가장 많이 가는 곳은 '라호야 코브(La Jolla Cove)'이다. 이곳에서 물개(정확히는 바다사자)를 가장 많이 만날 수 있으며, 여유를 즐길 수 있는 분위기 조성이 가장 잘되어 있다. 모래사장에서 해수욕을 즐길 것이라면 '라호야 쇼어 비치'를 검색하고 가면 되는데, 이 곳에서는 바다사자를 거의 볼 수 없으니 참고하자.

우리가 간 라호야 코브는 바다사자뿐만 아니라 초록색 잔디 광장도 무척 좋았다. 이 초록색 잔디 광장이야 말로 샌디에고 사람들의 여유로움을 단적으로 보여주는 공간이 아닐까 싶다. 그래서 바다사자만 잠깐 구경하고 자리를 옮기기 보다는 잔디밭에 돗자리를 펴고 현지인들의 여유로움을 조금이나마 느낄 수 있도록 일정을 짜보자.

라호야 비치 주변의 교통은 상당히 복잡하다. 주차공간 구하기도 쉽지는 않다. 해변 바로 옆 공영주차장이 접근성은 가장 좋으나 언제나 만차이며 왕복 1차선으로 되어 있어서 차를 세워놓고 기다리기도 거의 불가능하다. 대신 조금만 벗어나면 주택가나 상점들 사이에 무료주차 공간도 꽤 있는 편이다. 걸어서 10분 정도 거리까지만 나가도 주차공간 찾기가 훨씬 수월하니 참고하도록 하자. 빈 주차공간은 대부분 2~3시간 무료 주차이지만 가끔 '20 minute commercial loading'(짐을 싣고/내리는 경우에만 20분 허용) 등의 표시가 있는 곳은, 주의해야 한다.

라호야 코브는 해변임에도 해수욕을 즐기는 사람이 그다지 많지 않다. 메인 해변은 모두 바다사자들이 차지하고 있고 바다사자가 없는 곳은 주로 바위로 이뤄져 있어 해수욕을 하기에는 조금 위험하다. 대신, 해변 입구에 펼쳐진 광활한 잔디 광장에 앉아 바다를 바라보며 망중한을 즐기기에는 전세계에 이만한 해변이 없을 정도이다.

망중한을 즐기다 보면 좀 지루하다 싶을 때가 온다. 이 때 바다사자들을 구경하러 가도 늦지 않다. 해변 쪽으로 좀 나가다 보면 시큼한 냄새가 훅 다가오

거대한 기형의 나무와 초록색 잔디가 어우러진 라호야 비치의 잔디 광장. 6월달이었는데도 추워서 외투가 필요했다

는데 바로 바다사자들에게서 나는 냄새이다. 마치 오랫동안 씻지 않은 강아지 냄새 같아서 어떤 사람들은 코를 막고 다니기도 한다. 그런데 그런 냄새도 잠시. 한국에서는 전혀 볼 수 없는 광경에 냄새는 머릿속에서 싹 잊혀지는 것 같다. 수

옆에 다가가도 인간이 큰 위협이 되지 않는 것을 아는지 태연하게 잠만 잔다. 멀리 보이는 갈색들도 전부 바다사자이다.

많은 바다 사자들이 바위 위에서 낮잠을 자고 있고 때로는 영역 다툼을 하는 녀석들. 바로 옆에 다가가서 본인들을 배경으로 사진을 찍는 것을 아는지 모르는지 태평하게 잠만 자는 모습이 너무 귀엽다. 가끔씩 갓 태어난 바다사자들을 지키기 위해 어미가 예민해져 있으니 그 부분만 조심하도록 하자.

코로나도 비치

　　코로나도 비치는 코로나도 섬에 있는 해변이다. 코로나도 섬을 멀리서 보면 아주 작은 섬처럼 보이는데, 실제 길이는 4km 정도이다. 조금 웃기는 비교일 수 있으나, 샌디에고 주민들에게 코로나도 섬은 서울 시민들에게 한강시민공원과도 같다. 즉, 가족단위로 휴양을 즐기러 오는 사람들이 대부분이며, 그래서인지 관광지의 시끄럽고 정신 없는 모습은 다른 곳보다 좀 덜한 느낌이다. (또 다른 의미로도 한강시민공원과 비슷한데, 그 근처의 땅 값은 미국 내에서도 비싸기로 유명하고 미국 셀럽들의 별장이 있는 곳으로도 유명하다)

　　코로나도 비치의 길게 뻗은 고운 모래사장과 일년 내내 따뜻한 수온은 전

세계 수많은 연인들과 가족들을 불러모으고 있다. 하지만 해변이 워낙 넓어서 사람들 사이의 공간은 그나마 여유로운 편이다. LA 쪽 산타모니카 해변이나 우리나라 해운대 같이 사람들에 치여서 아이들이 제대로 뛰어다니지도 못하는 모습은 연출되지 않는다. 그 중에서도 사람들이 좀 더 북적대는 곳이 있는데 바로 '호텔 델 코로나도' 앞 해변이다. 하얀 벽과 붉은 지붕으로 이뤄진 '호텔 델 코로나도'는 하얀 백사장과 어우러져 상당히 신비한 모습을 자아내고, 이곳을 배경으로 사진을 찍으려는 사람들이 언제나 많다.

사실 호텔 바로 앞 해변은 호텔 투숙객만 이용할 수 있는 프라이빗 비치인데 그렇다고 호텔 측에서 일반인의 입장을 제지하지는 않는다. 간단히 기념촬영 정도는 할 수 있으니 투숙객들에게 방해가 되지 않도록 유의하자.

호텔 델 코로나도와 프라이빗 비치의 모습. 넓은 백사장과 붉은 색 지붕의 건물이 잘 어울린다.

가족끼리 산책하기 좋은 곳

시포트 빌리지

시포트 빌리지는 말 그대로 '항구 마을'이다. 그런데, 우리가 흔히 '항구 마을' 하면 떠오르는 그런 어촌의 이미지는 전혀 없다. 아무래도 어업이 주가 되기 보다는 관광업이 발달하여서 그런 것 같다. 그리고 해군의 영향으로 항구에 전투함들도 정박하기 때문에 더욱 깔끔한 현대적인 항구 마을이다.

시포트 빌리지의 랜드마크인 항공모함과 키스하는 해군 동상. 관광객들은 대부분 저 동상의 포즈를 취하며 사진을 찍는다.

시포트 빌리지는 관광객이 몰리는 곳이 아니어서 가족끼리 손을 잡고 천천히 걷기에 안성맞춤인 곳이다. 항구에 정박해 있는 거대한 항공모함은 현재는 군사박물관으로 사용되고 있는데, 시간이 허락한다면 구경해 볼만 하다. 남자 아이들은 항공모함의 매력에 푹 빠질 것이고, 남자 아이가 아니더라도 항공 모

개인적으로 코로나도 섬에서 가장 경치가 좋은 곳이 이 곳인 것 같다. 저절로 누워서 하늘을 보게 된다.

시포트 빌리지의 랜드마크인 키스하는 해군 동상. 관광객들은 대부분 저 동상의 포즈를 취하며 사진을 찍는다.

함에 탑승해보는 경험은 특별하다.

　해안을 따라 정갈하게 포장된 도로를 걷다 보면 상점들이 모여있는 빌리지를 만나게 된다. 높아도 2층 정도의 건물들이 옹기종기 모여있는 마을인데 다양한 소품들을 팔기도 하고 간단히 먹을 수 있는 디저트를 팔기도 한다. 간단히 요기를 하고 조금 더 걸어가면 코로나도 섬과 본토를 잇는 대교가 보인다. 이 주변은 전부 잔디밭으로 구성되어 있고 푸른 바다와 코로나도 대교가 운치를 더한다. 피크닉 매트가 없더라도 그냥 잔디밭에 누워보자. 푸른 하늘, 초록색 잔디, 새파란 바다 사이에서 시원한 바다 바람과 함께 망중한을 즐겨보자. 이만한 힐링이 없다.

발보아 파크

요즘은 '박람회'라는 단어를 아주 작은 행사에도 쓰고 있어서 사람들이 그다지 큰 행사로 생각하지 않는다. 하지만 20세기 초만 해도 박람회는 세계 문화 교류를 촉진시켰던 어마어마한 규모의 행사였다. 발보아 파크는 20세기 초 '캘리포니아 박람회'가 개최된 장소로 면적만 4.9km2 이다. 파크 끝에서 끝까지 1시간 동안 걸어가도 끝에 닿지 않을 정도의 크기다.

이 큰 공원에는 샌디에고 동물원을 비롯해서 식물원, 미술관과 항공우주박물관 등 대형 전시관만 14개가 있다. 이 14개 건물들의 건축 양식은 스페인식, 멕시코식 등 제각기 다르다. 그래서 같은 공원 안에 있지만 장소마다 사진이 다르게 나오는 점도 참 매력적이다.

발보아 파크를 동서로 나누면 동쪽은 주로 스포츠 시설이 있고 서쪽은 관람 시설이 있다. 서쪽 중에서도 북부에는 샌디에고 동물원이 위치하고 있고, 좀 더 내려오면서 본격적으로 다양한 건축물들이 보이기 시작한다. 동물원에서 아래쪽으로 내려오면 '스페인 빌리지 아트센터(Spain Village Art Center)'가 나오는데 여기서부터 유난히 예쁘고 아름다운 장소들이 연속된다.

스페인 빌리지 아트센터를 조금 지나 우측으로 향하면 '보태니컬 빌딩(Botanical Building)'이 나온다. 작은 규모의 식물원으로 활용되고 있고 빌딩 앞은 인공으로 만든 직사각형 호수가 위치한다. 이 보태니컬 빌딩과 그 앞 호수의 조합은 개인적으로 발보아 파크에서 가장 아름다운 곳으로 추천하는 바이다. 호수에 비치는 건물들과 잘 어우러지는 캘리포니아의 푸른 하늘을 눈과 가슴에 두고두고 새겨 놓자.

역광일 때는 무리해서 앞모습을 찍지 말자. 이렇게 가족들의 뒷모습도 나중에 보면 의미가 깊다

코로나도 비치의 포토 존

　호텔 델 코로나도 건물 자체가 예술 작품과 같아서, 호텔을 등지고 백사장에서 포즈를 취하면 훌륭한 사진이 나온다. 코로나도 비치의 넓은 백사장이 워낙 유명해서 호텔 앞 까지는 사람들이 잘 오지 않는다. 호텔 앞 레스토랑 앞에는 인조 잔디가 펼쳐진 장소가 있고 호텔을 배경으로 사진을 찍는 데는 이만한 곳이 없다. 날씨가 좋다면 파란 하늘과 초록색 잔디 그리고 붉은 지붕의 호텔 건물이 같이 나오도록 사진을 찍으면 인생샷을 건질 수 있다.

발보아 파크의 포토 존

관광객들은 대부분 발보아 파크의 샌디에고 동물원과 그 주변을 둘러본다. 물론 아이들을 데리고 세계 최고 수준의 동물원을 안 보고 지나칠 수는 없겠지만 시간이 남는다면 좀 더 아래쪽으로 내려와서 '올드 그로브(The Old Globe)' 주변을 산책해보자. 올드 그로브는 현재 공연장으로 쓰이는 건물인데 거대한 돔으로 만들어진 건물은 중세 유럽의 느낌을 물씬 풍겨낸다. 관광객들에게 유명하지 않은 곳이어서 사람들이 많이 붐비지 않아 사진 찍기에 더욱 좋다.

사진을 찍을 때, 우리 가족만의 트레이드마크 같은 포즈를 만들자. 어떤 포즈든 간에 나중에 모아놓으면 상당히 근사하다.

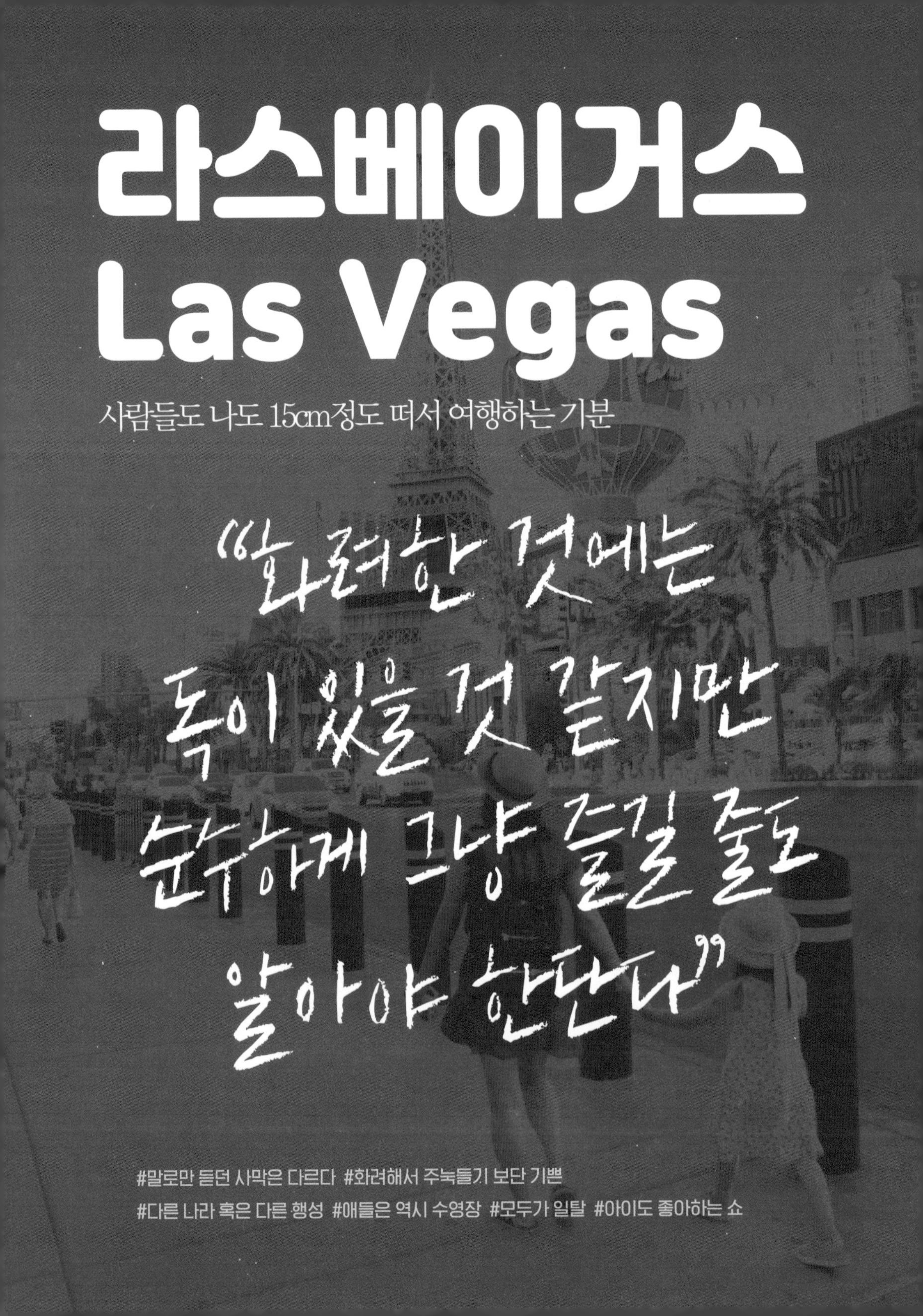

라스베이거스
Las Vegas

사람들도 나도 15cm정도 떠서 여행하는 기분

"화려한 것에는
독이 있을 것 같지만
순수하게 그냥 즐길 줄도
알아야 한단다"

#말로만 듣던 사막은 다르다 #화려해서 주눅들기 보단 기쁜
#다른 나라 혹은 다른 행성 #애들은 역시 수영장 #모두가 일탈 #아이도 좋아하는 쇼

라스베이거스
Las Vegas

로스앤젤레스
Los Angeles

호텔투어

'르레브(Le Reve)' 공연장인 윈 시어터 앞의 '뽀빠이'(제프 쿤 작품), 이 작품의 시세는 약 2천 8백만불(334억) 정도이다

라스베이거스의 관광객은 호텔만 구경해도 '남는 장사'라는 말이 있다. 라스베이거스 호텔들의 가장 수익성 높은 사업은 '카지노'이다. 호텔들은 이 카지노 이용 고객을 유치하기 위해 앞다투어 시설에 투자하고 무료 공연까지 보여주고 있다. 예를 들어, 가장 최근에 지어진 호텔인 윈(Wynn)은 수백 억을 호가하는 예술작품들을 복도에 전시하고 있고 호텔 투숙객이 아니더라도 부담 없이 이 예술품들을 감상하게 해 놓았다.

이처럼 그 어느 호텔을 가더라도 눈에 담아 놓을 만한 좋은 작품들이나 전시물들이 있다. 그래서 '돈 쓰게 만드는 라스베이거스'이지만 충분히 돈을 아끼며 즐길 수 있는 방법들이 있다. 그 중에서도 가장 퀄리티있는 무료 쇼 3가지를 소개한다.

사진 오른쪽에 보이는 원형 테라스에 자리를 잡도록 하자. 가장 뷰가 좋으며 인물 사진도 조명 덕분에 잘 나오는 편이다.

벨라지오 분수쇼

벨라지오 호텔 앞 인공 호수에서는 음악분수 쇼가 진행된다. 한국에서도 음악에 맞춰 움직이는 분수들이 있지만 벨라지오 분수는 이미 스케일에서 관객을 압도한다. 호수 전체의 면적은 32,000m2이며, 이 넓은 호수 거의 전면에 걸쳐 1,200개의 분수가 설치되어 있다.

특별한 일이 없는 한 매일 공연이 진행되는데, 평일에는 오후 3시부터 30분 간격으로 쇼가 진행되고 주말, 공휴일에는 12시부터 30분 간격으로 쇼가 열린다. 그리고 매일 저녁 8시부터는 15분 간격으로 자정까지 쇼가 진행된다. 그런데 낮 시간의 분수쇼는 저녁에 비하면 감흥이 없는 편이다. 이왕 분수쇼를 보기로 했다면 해가 지고 4,500개가 넘는 조명이 사용되는 분수쇼를 감상하도록 하자. 최대 140미터 상공까지 떠오르는 물줄기에 환상적인 조명이 더해지면 '이곳이 라스베이거스구나'라는 생각이 절로 든다.

아이들은 키가 작아서 쇼를 잘 못 볼 수 있으니 조금 일찍 가서 테라스 형태로 조금 들어간 곳에 자리를 잡으면 가족 모두 잘 볼 수 있다. 만약 좀 늦어서 잘 보이지 않는 자리에서 쇼를 봤다면 쇼가 끝나고 바로 자리를 뜨지 말고 사람들이 빠져나간 자리에서 15분만 기다리자. 매 회마다 다른 음악에 맞춰 분수쇼가 진행되니 한 번 더 본다고 해서 지루하지 않고 좋은 자리에서 또 다른 느낌의 공연을 볼 수 있기 때문이다.

미라지호텔 화산쇼

미라지호텔 앞에는 인공 산이 있는데 밤이 되면 이 곳에서 화산쇼가 펼쳐진다. 벨라지오 호텔의 분수쇼와는 다르게 해가 진 저녁에만 공연이 펼쳐진다. 매일 1시간 간격으로 저녁 8시부터 11시까지 총 4번 공연이 진행된다. 하루 4번 밖에 하지 않는 공연이라서 공연 시작 30분에서 1시간 전부터 사람들이 모여들기 시작한다.

만약 늦게 도착했다면, 무리해서 사람 사이로 끼어들지 않아도 된다. 인공이지만 산에서 펼쳐지는 쇼라서 길 건너에서도 잘 보이는 편이다. 산에서 터지는 불들은 화력이 상당해서 길 건너 구경하는 사람들 얼굴까지 열기가 그대로 전달된다. 그리고 화산 분출 소리도 상당히 그럴듯하게 들려주는데 가까이서 들으면 깜짝깜짝 놀랄 정도로 소리가 크다.

프리몬트 스트리트에 설치된
아치형의 지붕을 화면 삼아 화
려한 영상 쇼가 펼쳐진다

프리몬트 전구쇼

벨라지오 분수쇼와 미라지 화산쇼와는 다르게 프리몬트 전구쇼는 LED 화면을 이용한 전자 쇼다. 프리몬트 스트리트에 길고 거대한 인공 지붕을 설치하고, 지붕을 LED 전구로 가득 채워 날씨에 구애 받지 않고 쇼를 관람할 수 있다.

인공 지붕 덕분에 하루도 빠짐없이 야외 무대에서 밴드 공연이 이어지기도 한다. 사람들은 자유롭게 칵테일이나 음료수를 들고 무대 공연을 보기도 하고 쇼핑을 즐기기도 하다가 매시 정각에 프리몬트 전구쇼가 시작되면 넋을 잃고 천정을 본다. 공연은 오후 6시부터 1시간 간격으로 새벽 1시까지 진행된다. 자주 공연이 있어 시간 맞추기가 수월한 편이고 천정에서 공연이 펼쳐지기 때문에 특별히 아이들을 위한 자리를 마련할 필요도 없다.

프리몬트 스트리트에는 쇼 말고도 특별히 즐길 거리가 있는데 바로 프리몬트 지붕 바로 밑을 지나는 짚라인이다. 짚라인 종류는 2가지. 11층 높이에서 다섯 블록 거리를 지나는 것은 59달러, 7층 높이에서 2블록을 지나는 것은 29달러이다. 타는 자세도 두 가지 짚라인이 서로 다르다. 더 높은 곳에서 타는 것은 슈퍼맨 자세를 하고, 낮은 곳에서 타는 것은 앉은 자세로 매달려서 탄다. 아이들도 충분히 즐길 수 있지만 그 대신 몸무게가 최소 50파운드(22.6kg)는 되어야 탈 수 있다. 프리몬트 전구쇼가 시작되는 저녁시간에는 짚라인 예약이 치열하니, 저녁에 타려면 미리미리 홈페이지에서 예약하는 것이 좋다.

라스베이거스 3대 쇼

무료 쇼의 퀄리티가 그 정도인데 유료면 도대체 얼마나 볼만 할까? 이런 생각으로 여행 전에 라스베이거스 3대 쇼를 알아보던 기억이 있다. 현재는 3대 쇼 중에 하나가 코로나로 영구 종료되었지만 결론부터 말하자면, 기왕 라스베이거스에 갔다면 유료 쇼 중에 하나 정도는 관람해보자. 현존하는 가장 최신의 공연 기술과 전세계 최고 수준의 무용수들이 펼치는 쇼는 단순한 '경험' 그 이상을 준다.

오(O)

오(O)는 1998년에 벨라지오 호텔의 정식 쇼로 자리매김한 이후로 명실상부 라스베이거스에서 가장 유명한 쇼로 인기를 끌고 있다. 오(O)의 의미는 프랑스어로 '물'을 의미하며 그래서 이 공연의 전체 테마가 '물'이다. 150만 갤런(약 560만 리터)의 물을 이용해서 태양의 서커스 연기자들이 물속으로 잠기기도 하고 튀어오르기도 하며 환상적인 분위기를 자아낸다.

그 많은 양의 물이 단순히 고여 있는 것은 아니다. 순간적으로 수심이 깊어지고 얕아지기 반복하며 어떤 때에는 연기자가 물 위를 뛰어다니기도 하고 또 어떤 때는 10미터 높이에서 다이빙을 해서 입수하기도 한다. 가장 오래된 쇼인 만큼 연기자들의 연기에서도 어떠한 군더더기도 볼 수 없다.

오 쇼는 관객석이 부채형으로 펼쳐져 있다. 관람료는 가장 뷰가 좋은 가운데 앞쪽이 250달러이며, 무대 바로 옆 자리는 107달러로 가장 싸다. 사이드 좌석은 무대에서 가장 가깝지만 무대 전체가 보이지 않아 별로 추천하지 않는다. 공식 홈페이지보다 각 여행사에서 대행하는 상품이 훨씬 저렴하니 여행일정

이 잡혔다면 미리미리 예약해서 저렴하면서 좋은 자리를 잡도록 하자.

조금 아쉽지만 미취학아동이나 어린이 할인은 없다. 티켓 가격은 어른 아이 모두 동일하며 만 5세가 안 되면 공연을 볼 수 없다. 티켓 교환 시 예약자의 신분증 확인 절차가 있다. 동반자의 신분증은 확인하지 않으므로 공연 관람 시 잊지 말고 예약자의 신분증을 반드시 챙기도록 하자.

카(KA)

카(KA) 역시 오(O)와 마찬가지로 태양의 서커스에서 제작한 쇼이다. 벨라지오 호텔의 '오(O)'보다 약 7년 뒤인 2005년에 MGM 그랜드 호텔에서 정식 쇼로 선보였다. '카(KA)'는 이집트에서 유래한 개념인데 지금 생의 나와 사후의 나가 존재한다는 세계관이다. 이런 세계관이 카(KA) 쇼에서는 두 쌍둥이로 표현되었고 영혼적으로 연결되어 있다는 설정이다.

같은 제작사에서 제작한 '오(O)' 쇼의 경우 물을 메인 테마로 하는데, '카(KA)' 쇼의 경우 물은 사용하지 않고 움직이는 2개의 대형 무대를 배경으로 불을 사용한다. 그래서인지 많은 여행 책자나 블로그 리뷰에서 '카(KA)'는 일본어로 '불'을 의미한다고 소개하고 있으나, 앞에서 말했듯 '카(KA)'는 이집트의 사후세계와 연관된 개념이다. 아마도 무대에서 상대적으로 '불'이 많이 사용되기 때문에 그렇게 소개되는 것 같다.

2개의 대형 무대는 360도로 회전되며 스토리에 따라 90도 가까이 경사지기도 한다. 80명에 달하는 배우들은 이렇게 움직이는 무대를 누비며 서커스적인 요소들과 함께 화려한 액션을 선보인다. '오(O)'가 좀 더 몽환적이고 유기적인 쇼라면 '카(KA)'는 상대적으로 더 스릴 있고 박진감을 선사하는 쇼라고 할 수 있다.

'오(O)' 쇼와는 달리 무대 바로 옆 관객석은 없고, 무대 앞쪽으로 부채꼴로 좌석들이 배치되어 있다. '오(O)' 보다는 전체적으로 티켓 가격은 좀 더 저렴한 데, 240달러부터 69달러 좌석까지 존재한다. 그런데 화려한 액션 등 사람의 디테일한 몸동작을 제대로 보려면 비용을 조금 더 지불하더라도 앞쪽에서 봐야 제대로 관람할 수 있다. 69달러 맨 뒷좌석은 전체적인 무대 요소만 볼 수 있기 때문에 추천하지 않는다.

카(KA)도 오(O)와 마찬가지로 공식 홈페이지보다는 여행사 상품이 좀 더 저렴하다. 같은 제작사의 작품이라 그런지 나이 제한과 티켓 교환 방식은 '오(O)'와 동일하다.

르 레브(Le Reve)

르 레브(Le Reve)는 이탈리아의 스타 제작자인 프랑코 드라곤이 가장 최근 (2005년)에 제작한 쇼이지만 코로나 바이러스 때문에 가장 빨리 영구 종영되었다.

쇼 출연 배우 캐스팅을 위해 전 세계 운동선수와 배우들을 상대로 오디션을 진행할 만큼 준비에 엄청난 노력이 든 쇼인데, 이제 더 이상 볼 수 없다니 서운한 면도 있다.

'라스베이거스 3대 쇼'의 빈 한 자리를 어떤 쇼가 채울 지 기대해보도록 하자. 역사 속으로 사라진 르 레브 현장의 벽참을 공유하고 싶어, 사진을 실어본다.

공중에서도 연기가 많이 이뤄지기 때문에, 르 레브(Le Reve)의 무대는 사실상 천정부터 수조 바닥까지이다

가족식사 장소

더 보일링 크랩

라스베이거스에서 맛본 것을 잊을 수가 없어 LA에서 또 한 번 간 식당이 있다. 바로 '더 보일링 크랩(The Boiling Crab)'이다. 그런데 같은 맛이지만 LA보다 라스베이거스에서 더 맛있게 먹을 수 있었다. 그 더운 날씨에 매콤한 크랩 요리를 만났을 때, 우리 가족 모두 정신 없이 두 손으로 먹어 치우던 기억이 난다. 한의학적으로 여름에는 몸이 냉하여 매운 음식을 먹어줘야 복부 냉증이나 더위로 인한 소화불량 등을 예방한다고 한다. 아마도 더위에 지친 우리가족은 본능적으로 매콤한 음식을 흡입하였나 보다.

보일링 크랩 라스베이거스 지점은 메인스트리트에서 차로 5~10분 정도 거리에 있다. 몇 개의 음식점이 모여 있어서 주차장도 넓다. 항상 웨이팅이 있는 곳이기 때문에 식사시간 등 피크타임을 피하는 것이 좋다. 우리 가족은 식사

시간을 피해 3시쯤 도착했더니 기다리지 않고 바로 먹을 수 있었다.

보일링 크랩에서 메인 재료는 2가지인데 바로 '크랩'과 '새우'이다. 자리에 앉으면 먼저 '크랩' 혹은 '새우'를 고르고 소스를 선택한 뒤 매운 강도를 선택하면 된다. 양념의 종류가 몇 가지 되지만 한국인의 입맛에는 갈릭소스나 레몬페퍼가 잘 맞는 편이다.

음식이 나오기 전에 담당 서버가 비닐 앞치마를 목에 걸어준다. 아이들뿐 아니라 우리 부부에게도 걸어줬는데 라스베이거스 지점의 특별한 서비스인가 보다. 왜냐면 LA지점 두 군데에서는 담당 서버가 그냥 비닐 앞치마를 식탁에 올려놓고 가버렸기 때문이다.

음식이 나올 때 놀라지 말아야 할 것이, 그릇에 담겨 나오지 않고 비닐 속에 '대충' 느낌으로 담겨 나온다. 당황하지 말고 비닐을 이리저리 돌려가며 먹으면 더욱 맛있다. 격식을 차리는 식당이 아니다. 품위 따위는 잠시 접어두고 두 손으로 게걸스럽게 먹자. 그래야 더 맛있다. 그리고 소스가 상당히 자극적이기 때문에 밥을 시켜서 비벼 먹으면 맛이 일품이다. 미국이나 한국이나 게는 항상 밥도둑인가보다.

크랩이나 새우 이외 반드시 시켜먹어야 하는 메뉴가 있다. 바로 옥수수이다. 미국과 캐나다 쪽에서 자주 먹는 옥수수 품종은 '스위트 콘'인데 한국에서 먹는 통조림 옥수수가 대부분 이 '스위트 콘'이다. 스위트 콘은 이름처럼 옥수수 자체에서 달콤한 맛이 난다. 한국에서는 주로 통조림으로 먹거나 냉동되어 있는 스위트 콘을 삶아서 먹을 수 있지만 미국에서 자연 그대로의 스위트콘을 먹으니 그 맛이 일품이었다. 나중에 캐나다 코스트코에서 스위트콘을 발견하고는 몇 개를 사서 캠핑카에서 삶아 먹었는데 아직도 그 맛을 잊을 수 없는 정도다.

보일링 크랩에서 옥수수를 시키면 보통 같이 시킨 크랩 소스나 새우 소스에 같이 비벼먹는다. 그런데 우리는 아이들이 매워할까 봐 버터구이를 시켰다. 버터의 짠 맛과 스위트콘 자체의 달달한 맛이 어우러져 요즘 유행하는 '단짠' 옥수수를 맛볼 수 있다. 아이들은 게 눈 감추듯 옥수수를 먹어 치웠고 나중에 2개를 더 주문해줬다.

바카날 뷔페

라스베이거스는 수많은 호텔들의 경연장이기 때문에 그 누구도 함부로 레스토랑을 오픈하지 않는다. 안이한 생각으로 레스토랑을 오픈하면 바로 경쟁에 노출되고 맛을 비교당한다. 전 세계에서 여행온 관광객들에게 구글 평가로 난도질 당하고 그 평가가 곧바로 전 세계로 퍼지게 될 수 있다.

반대로 '라스베이거스에서는 이 식당엔 가 봐야지'라는 평가를 받는다면 그 식당은 상당한 맛집으로 이름을 드높일 확률이 높다. 그래서 그 유명한 고든 램지도 라스베이거스에 헬스키친을 오픈할 때 다른 곳보다 몇 배의 정성을 쏟았다고 한다. 그만큼 고객들의 선택을 이끌어 내기 위해 모든 것에 대한 경쟁이 치열한 지역이라 할 수 있다.

이런 상황에서 라스베이거스에서 뷔페로 살아남은 레스토랑들은 당연히 일정 수준을 뛰어 넘는 퀄리티를 보장한다. 뷔페뿐만 아니라 다른 수많은 레스토랑들과의 경쟁에서 이기기 위해 그리고 본인들의 카지노로 관광객을 유인하기 위해 더 신선한 재료로 더 저렴한 가격에 승부수를 던진다. 그래서 라스

테이블 회전율을 높이기 위해 인원 수에 따라 기다리는 줄을 달리 운영하고 있다.

우리 가족이 식사를 마치고 나온 평일 저녁 7시 경의 모습. 계산대가 사람들에 가려 보이지 않는다

베이거스에 간다면 뷔페 식당을 한번쯤 이용해 보는 것이 여러모로 좋다. 최상의 서비스를 상대적으로 저렴한 가격에 이용할 수 있기 때문이다.

그 중에서도 시저스팰리스 호텔이 운영하는 '바카날 뷔페(Bacchanal Buffet)'는 단연 라스베이거스에서 가장 인기 있는 뷔페라고 할 수 있다. 물론 윈 호텔에서 운영하는 '더 뷔페(The Buffet)'같은 곳이 더 화려하고 고급스럽지만 가성비를 놓고 봤을 때는 바카날 뷔페에 한 표를 던지고 싶다. 가성비가 좋다고 해서 아주 저렴한 뷔페는 아니다. 라스베이거스 뷔페 중 가격대는 중상에 속하며 약 600석이나 되는 테이블을 갖고 있지만 워낙 넓은 공간을 활용하고 있어 복잡하다는 생각은 잘 들지 않는다. 그리고 인테리어는 시저스팰리스 호텔의 앤틱한 분위기와는 달리 모던하고 스타일리시한 분위기로 음식 맛을 한층 더 올려준다.

라스베이거스의 호텔들은 모두 선결제 후에 이용할 수 있다. 그런데 결제를 미리하고도 인원수에 맞게 줄을 다시 서야 한다. 주말이나 저녁 시간에는

사람들이 워낙 많기 때문에 결제를 하지 않고 대기줄에 서 있는 사람들도 종종 있다. 입장 직전에 결제 영수증을 확인하기 때문에 반드시 결제부터 먼저하고 줄을 서도록 하자. 줄을 서는 라인도 동행 인원수에 따라 다르게 운영되는데, 인원수에 맞게 직원들이 안내해주니 큰 걱정은 말자.

우리가족은 평일 5시에 도착했는데도 30분 정도나 대기하고 들어갈 수 있었다. 아이들을 데려갔다면 피크타임인 저녁 7시경은 피하는 것이 좋다. 이 시간대에는 1시간 정도 대기는 기본이며 앉아서 기다릴 장소도 없다.

자리 안내를 받고 제일 먼저 해야 할 것이 있다면 바로 해산물 공략이다. 라스베이거스의 호텔들은 신선한 해산물을 제공하는 것으로 유명하다. 바카날 뷔페 역시 신선하고 다양한 해산물을 제공하는데, 어른 손바닥 만한 석화와 함께 대게 종류도 두 가지나 제공되고 있다. 차갑게 제공되는 게는 먹기 좋게 손질되어 있고, 중식코너에 있는 게찜은 따뜻하지만 손질을 직접 해서 먹어야 한다. 손질을 해야 하지만 따뜻한 게찜이 훨씬 인기가 많으며 한 번 요리가 준비되면 순식간에 없어지고 다시 채우길 반복한다. 아내는 게를 별로 좋아하지 않아 '한국 해산물 뷔페랑 비슷하지 않아?'라고 물었지만 천만의 말씀이다. 해산물, 특히 게를 좋아하는 사람은 반드시 가야 할 뷔페가 바로 바카날이다.

꿀 떨어지는 Tip

한 여름 라스베이거스의 낮 기온은 살인적

　캘리포니아와는 달리 라스베이거스는 사막 기후라서 한 여름의 낮 기온이 45도를 육박한다. 실제로 우리 가족은 샌디에이고에서 라스베이거스까지 렌터카를 타고 이동했는데 라스베이거스 호텔 주차장에 도착해서 문을 열었다가 열기 때문에 놀라 급하게 다시 문을 닫은 적이 있다. 그 정도로 45도가 주는 체감은 사뭇 다르다.

　여행을 하다 보면 '교통비'가 그렇게 아까울 수 없다. 하지만 라스베이거스에서는 우버 정도는 과감히 타주도록 하자. 벨라지오 분수 쇼를 보고 미라지 호텔의 화산 쇼를 보기 위해 가족들과 걸은 적이 있다. 와이프는 중간에 더위를 먹고 아이들도 얼굴이 벌겋게 상기되어서 포기한 적이 있다. 다들 지쳐서 한동안 관광은 못하고 호텔 수영장에서 더위를 식히며 체력을 회복한 적이 있다.

　밤이 되어도 열기가 쉽게 식지는 않는다. 사막 기후라 건조하기 까지 해서 눈이 따갑고 아프다. 약국이 보이면 인공 눈물 정도는 사서 다니는 것도 라스베이거스 관광을 위한 팁이라고 할 수 있다.

　그리고 곳곳에 화려한 호텔들이 들어서 있기 때문에 더워서 지치면 바로 근처 호텔 로비에서 더위를 좀 식히도록 하자. 호텔과 호텔 사이를 걷는다는 생각으로 조금씩 움직이면 그나마 사막 기후에서 돌아다닐 수 있는 정도가 된다.

　디즈니랜드나 유니버설 스튜디오에서 리필용 팝콘통이나 음료수통을 샀다면 호텔에서 제공하는 얼음을 가득 채워서 관광을 나서도록 하자. 얼음을 입에 물면 상당히 효율적으로 체온 상승을 막을 수 있다. 사막은 괜히 사막이 아니니 충분히 조심하도록 하자.

（아이폰 날씨 앱 화면）

．ul AT&T LTE　　오후 5:23

라스베가스
맑음

42°

화요일 오늘　　　　　　43　28

지금	오후 6시	오후 7시	오후 8:00	오후 8시
42°	42°	41°	일몰	39°

수요일		43	28
목요일		40	26
금요일		40	26
토요일		41	28
일요일		42	28
월요일		42	28
화요일		41	27

Grand Circle

우리가 지구의 '주인'이 아니고
'손님'이라는 것을 일깨워주기 좋은 곳

"지구 면적에서
인간이 사는 공간은
5% 정도밖에
되지 않는단다"

#위대한 자연 #우린 지구 세입자 #사진으로 못담아 #돌맹이만 있어도 좋아 #SUV가 필요해

모뉴먼트 밸리
Monument Valley

앤텔로프캐년, 홀스슈 벤드, 와윕오버룩
Antelope Canyon, Horseshoe Bend, Wahweap Overlook

라스베이거스
Los Angeles

그랜드캐년
Grand Canyon National Park

피닉스
Phoenix

미국 중서부에 위치한 애리조나, 유타, 콜로라도, 뉴멕시코 이렇게 4개 주에는 미국의 국립공원들이 밀집되어 있다. 이 곳들을 연결하면 동그란 형태가 되는데, 이를 '그랜드 서클'이라고 부른다. 그랜드 서클에는 그랜드 캐년과 자이언트 캐년을 비롯해 수많은 광고와 영화의 배경이 된 모뉴먼트 밸리, 홀슈 밴드 그리고 윈도우 배경화면으로 유명한 엔텔로프 캐년 등이 있다. 우리 가족은 그 중에서 그랜드 캐년, 엔텔로프 캐년, 홀슈 밴드, 모뉴먼트 밸리를 돌고 왔다. 선택 기준은 무엇보다 '아이들의 체력'과 '쉽게 보기 힘든 곳' 순이었다.

그랜드 서클을 모두 돌려면, 부지런히 다녀도 최소 6일은 소요되는 일정이기 때문에 운전자와 아이들의 체력, 특히 아이들의 집중력이 관건이었다. 그래서 꼭 가보고 싶은 곳을 선택해서 3일 일정으로 그랜드 서클의 반 정도만 도는 일정을 세웠다. 그리고 모뉴먼트 밸리처럼 나중에 미국에 다시 온다고 해도 쉽게 갈 수 없는 곳을 목표지로 삼았다.

특히 모뉴먼트 밸리는 강력히 방문을 추천하는 바이다. 모뉴먼트 밸리를 묘사하자면 '황량한 벌판에 홀로 서있는 거대한 바위들'이었지만 그것이 주는 여운은 아직도 가슴속에 가득 남아 있을 정도다. 모뉴먼트 밸리를 선택할 경우 다른 캐년들을 포기해야 했지만 아직도 모뉴먼트 밸리를 선택하길 잘했다고 생각한다.

그랜드 캐년

그랜드 캐년은 대표적으로 노스 림(North Rim)과 사우스 림(South Rim)으로 나뉜다. 노스 림은 계곡이 좀 더 입체적이고 가는 길에 침엽 수림 지대를 만나는 등 사우스 림 대비 조금 더 볼 것이 많다. 하지만 도로가 좁고 구비가 많아 운전자 입장에서는 조금 더 까다롭다.

노스 림은 매년 5월부터 11월 사이에만 차를 타고 방문이 가능하다. 겨울에 폭설이 내리면 노스 림 구석 구석까지 제설 작업을 하지 않기 때문에 12월부터 4월까지는 방문이 제한된다. 길이 좀 더 불편하고 방문 날짜도 제한적이기 때문에 대부분의 현지 여행사들은 사우스 림을 위주로 여행상품을 구성한다. 그래서 사우스 림에 관광객이 몰리는 편이고 노스 림은 상대적으로 한산하다.

밸리들의 높이도 양쪽이 서로 다르다. 노스 림의 밸리들이 사우스 림 밸리들 보다 평균적으로 300미터 더 높다. 그래서 양쪽에 모두 가 본 사람들은 노스 림이 더 웅장한 느낌이라고 말한다. 일교차도 노스 림이 더 크며, 한 여름에도 겨울처럼 쌀쌀한 날씨를 보일 때도 있다. 모든 걸 종합해볼 때, 노스 림이 좀 더 척박 하고 웅장한 대자연의 느낌을 준다.

그랜드 캐년 비지터 센터 근처에는 이렇게 대형 마트도 위치하고 있다.

사우스 림은 접근성이 좋아서 버스 투어 등 자가운전 이외 다른 여행 상품으로도 갈 수 있다. 사람들이 더 많이 가기 때문에 좀 더 많은 뷰 포인트들이 개발되어 있고 식당과 식료품점 등 편의 시설도 많다. 사우스 림 근처에는 도시들도 인접해있고 숙박 업소들도 많다. 예를 들면 그랜드 캐년은 일출과 일몰 때 보는 것이 가장 아름다운데 그 시간에 밸리에 있으려면 근처 숙박은 필수이며, 그런 의미에서 숙박시설이 많은 사우스 림이 아무래도 더 편리하다.

우리 가족은 아이들을 고려해서 편의시설이 좀 더 많고 뷰 포인트가 다양한 사우스 림을 선택했다. 그랜드 캐년 다음 행선지가 우측에 위치한 '페이지'라는 도시였기 때문에 '그랜드 캐년 비지터 센터'를 시작점으로, 동쪽으로 이동하면서 나오는 유명한 뷰 포인트들을 찍으면서 가는 일정을 세웠다. 꼭 방문해야 할 뷰 포인트는 '그랜드 뷰 포인트(Grand View Point)'와 '데저트 뷰 와치 타워(Desert View Watch Tower)'가 있다.

그랜드 캐년을 여행하는 방법은 크게 3가지가 있다. 가장 럭셔리하고 편한 코스는 헬리콥터 투어인데 라스베이거스에서 헬리콥터를 타고 협곡을 비행한 뒤, 다시 라스베이거스로 돌아오는 일정이다. 헬리콥터 비행은 편도 30분 정도 소요되며 그랜드 캐년에 위치한 착륙장에서 간단히 아침식사를 하고, 개인 시간을 가진 뒤 다시 돌아온다. 주로 헬리콥터를 타고 상공에서 캐년을 감상

사우스 림의 뷰 포인트 중 'Desert View Watch Tower'에 가면 건물 속에서 그랜드 캐년을 감상할 수 있다

하는데 식사시간을 포함하여 총 4시간 정도에 관광일정이 모두 끝난다. 그래서 시간 여유가 없는 사람에게는 헬리콥터 관광이 가장 좋은 옵션이다.

시간적 이점과 함께 헬리콥터 투어는 그 자체로도 굉장히 재미있는 체험이다. 일반인의 경우 평생 헬리콥터를 타볼 수 있는 기회가 그리 많지 않다. 세계적인 관광지이자 광활한 대자연에서 가족들과 함께 헬리콥터를 타는 체험은 그 어디에서도 할 수 없다. 이착륙 시 스릴감도 상당하며 비행기와는 달리 전면이 유리이기 때문에 시야도 엄청나게 넓다. 비용은 업체마다 다르지만 평균적으로 인당 350~450달러가 소요된다.

자동차 육로 관광은 라스베이거스 기준 왕복 8시간 정도 소요된다. 현지 여

행사들은 점심이 포함된 하루짜리 여행 코스를 많이 내놓고 있는데, 루트가 단순해서 여행사별로 차이는 많지 않다. 2~3개만 비교해보고 마음에 드는 곳으로 선택하면 된다.

아이들과 함께하는 가족여행의 경우에는 여행사 상품 보다는 SUV를 렌트해서 여행하는 방법을 추천한다. 사실 그랜드 캐년만을 위해서는 SUV가 꼭 아니어도 되는데 모뉴먼트 밸리까지 방문할 생각이라면 SUV가 꼭 필요하다. 렌터카 여행은 여행 일정이 다른 것보다 상당히 유연하다는 장점이 있다. 가는 길에 경치가 멋진 곳이 나오면 한 쪽에 차를 세워놓고 감상하기도 하고 출출하면 요기를 하며 쉬어가도 좋다. 밤길 운전이 좀 까다롭지만, 쉬엄쉬엄 천천히 운전할 생각을 하고 그랜드 캐년의 석양까지 보고 올 수 있는 방법이 바로 렌터카다.

하지만 미국 도시 외곽의 밤길 운전이 녹녹한 것은 아니다. 가로등이 없는 길이 몇십 킬로미터나 이어지기도 하고 백미러를 보면 칠흑 같은 어둠이 따라오는 것 같아 심지어 조금 무섭기까지 하다. 그래서 옵션으로 선택할 수 있는 것이 그랜드 캐년 근처에서의 숙박이다. 그랜드 캐년에 근접한 숙소는 바로 '롯지'인데, 사우스 림에서 유명한 롯지는 '브라이트 엔젤(Bright Angel)'과 '야바파이(Yavapai)' 롯지가 있다.

브라이트 엔젤(Bright Angel) 롯지의 경우 걸어서 캐년 림 트레일(둘레길)까지 갈 수 있다. 그랜드 캐년에서 일출과 일몰을 보기에 가장 편리한 곳이다. 다만 숙소가 림 트레일과 가깝기 때문에 항상 관광객이 붐비며 단체 관광객들이 타는 버스가 브라이트 엔젤 롯지 근처에 주차하기 때문에 소음이 있는 편이다. 그래서 브라이트 엔젤은 일출과 일몰만을 위해 선택해야 하며, '편하고' '안락한' 느낌을 주는 숙소를 찾는다면 추천할 수 없다.

반면 야바파이(Yavapai)의 경우 림 트레일과 거리가 있어, 무조건 차를 이용해서 가야 한다. 대신 브라이트 엔젤에 비해서 숙소 내부가 좀 더 깔끔하며 안락하다. 만약 야바파이 롯지에 묵을 경우에는 숙소에서 차량으로 4~5분 떨어진 '야바파이 포인트(Yavapai Point)'에 가서 일출, 일몰을 구경하면 좋다. 오히려 시내에서 조금 떨어진 곳이라 좀 더 한적하게 장관을 구경할 수도 있다.

우리 가족은 그랜드 캐년이 아닌 그랜드 캐년 오른쪽 도시인 '페이지'로 숙소를 잡았다. 그래서 그랜드 캐년에서 저녁 즈음까지 관광을 즐긴 후 페이지로 이동했다. 페이지 바로 근처에는 엔텔로프 캐년과 홀슈 밴드가 있기 때문에 이 근처 관광을 생각한다면 페이지에서 하루 숙박을 고려하는 것도 좋다.

엔텔로프 캐년

엔텔로프 캐년에 관련해서는 '사진'을 빼놓을 수 없다. 엔텔로프 캐년은 사진을 좋아하는 사람들의 천국이라 할 수 있고 '마이크로 소프트' 역시 윈도우 배경 화면으로 이 곳의 사진을 제공했었다. 그래서인지 사진사들만을 위한 특별한 관광코스도 만들어져 있다. 우리 부부도 이곳이 너무나 아름다운 나머지 방문 며칠 전부터 소위 '인생사진'에 대한 기대로 가득 차 있었고 현장에서도 사진 찍기에 여념이 없었다.

미리 당부하지만 가족여행을 준비하는 분들의 경우 우리 부부와 같은 실수를 하지 않았으면 좋겠다. 여행에서의 '사진'은 후일에 추억을 회상해볼 좋은 자료이지만 자칫 사진 때문에 그 일정을 망칠 수도 있다는 점을 명심하자. 우리 부부는 이 날, 아이들의 기분은 고려하지 않은 채 수많은 사람들 사이에서 기회가 날 때마다 아이들에게 사진기를 들이밀었다. 심지어 포즈를 취하고 억지로 웃으라고 강요하기까지 했다.

엔텔로프 캐년은 물과 바람이 오랜 시간 동안 사암을 깎아 내리며 만들어진 곳이다. 아이들은 그 자체가 신기하여 이리저리 관찰하며 돌아다니고 싶었던 것인데, 그것을 저지하며 사진만 열심히 찍었으니 아이들의 기분이 상할 만도 했다. 그 날 뿐만 아니라 그 이후 여행일정 중에도 아이들에게 진심 어린 사과를 했고, 그 이후부터는 아이들이 사진을 찍기 싫어할 경우 강제로 사진촬영을 하지 않기로 했다. 서론이 길었지만, 그만큼 아름다운 곳이기에 자칫 여행의 목적까지 망각하게 만드는 위험한(?) 곳임을 알고 가도록 하자.

엔텔로프 캐년은 어퍼(Upper)와 로워(Lower)로 나뉘어져 있다. 두 곳이 이어진 곳은 아니고 차로 10분 정도 거리로 떨어져 있다. 흔히 지도 상 북쪽에 있는 것이 어퍼라고 생각하기 쉬운데, 관광지가 지상(upper)이냐 지하(lower)냐에 따라 구분된다. 협곡에 들어가기 위해서 계단을 이용해 아래쪽으로 내려가야 하는 곳이 '로워 엔텔로프(Lower Antelope), 협곡 입구가 평지와 이어져 그대로 걸어 들어가서 관광하는 곳이 '어퍼 엔텔로프(Upper Antelope)' 이다.

로워 엔텔로프의 경우 투어 사무소 인근에 위치하고 있어 걸어서 협곡까지 갈 수 있다. 협곡 입구부터 좁은 계단을 타고 내려가야 하기 때문에 걸음이 서툰 어린 아이들은 위험할 수도 있으니 주의하자. 그리고 로워 엔텔로프가 어퍼 엔텔로프보다 폭이 더 좁고 길다. 지표면 아래에 협곡이 형성되어 있어서 비가 오는 경우에는 로워 엔텔로프 관광이 거의 불가능하다. 좁은 협곡에 비가 금방 차올라 위험할 수 있기 때문이다.

어퍼 엔텔로프의 경우 투어사무소에서 제공하는 차를 타고 협곡 입구로 이동한다. 로워보다는 공간이 넓고 다니기가 편해서 가족단위의 관광객이 훨씬 많다. 또한 어퍼의 경우 오전 11시 전후 협곡 사이로 햇빛이 들어오는데, 큰 빛줄기가 사진에 찍힐 만큼 강하게 내리 쬔다. 그래서 오전 11시 전후 투어 코스

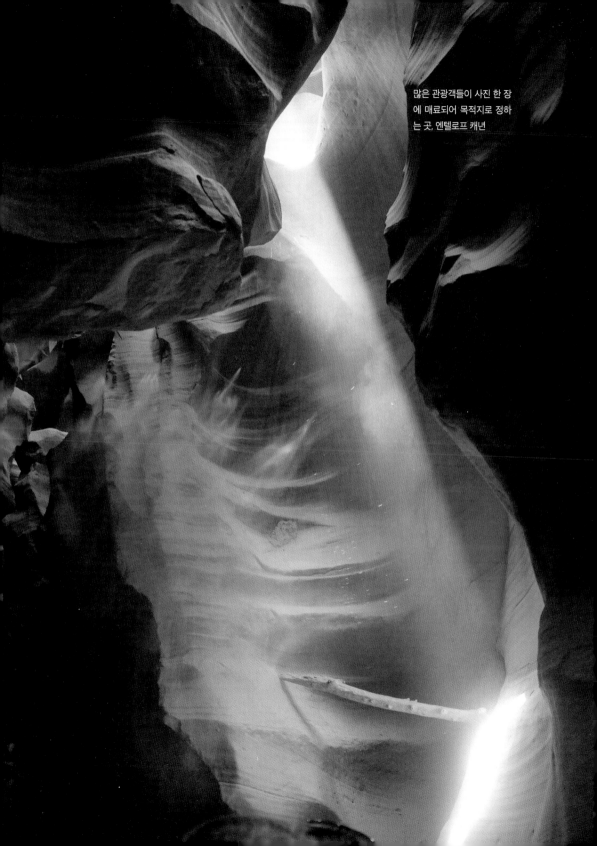

많은 관광객들이 사진 한 장
에 매료되어 목적지로 정하
는 곳, 엔텔로프 캐년

관광가이드가 찍어준 가족사진. 가이드 모두 사진기를 아주 잘
다루며 요청하지 않아도 가족사진을 여러 장 잘 찍어준다.

의 예약이 가장 치열하며 포토그래퍼 관광 코스도 주로 이 때 진행된다.

포토그래퍼 관광 코스는 전문가용 카메라(미러리스, DSLR)을 소지한 관광객을 위한 프로그램인데, 일반 관광코스보다 거의 2.5배의 가격이다. 사진촬영 시 사람들이 지나가지 않도록 통제를 해주며 촬영 시간을 확보해주는 장점이 있다. 또한 빛 줄기에 모래를 뿌려 좀 더 몽환적인 사진을 찍을 수 있도록 연출도 진행해준다. 일반 관광객의 입장에서 그 모습을 구경하는 재미도 괜찮다. 다만, 포토그래퍼 투어는 아이 동반이 허용되지 않기 때문에 가족단위 관광일 경우 전문가용 카메라가 있더라도 일반 투어를 신청해야 한다.

로워와 어퍼, 둘 중 어느 곳이 낫다고 명확히 가를 수는 없지만 확실히 어퍼 엔텔로프에 관광객이 더 몰린다. 그래서 오히려 로워 엔텔로프에 가서 여유롭게 보는 것도 나쁘지 않다. 하지만 성수기라면 양쪽 모두 관광객이 몰리기 때문에 로워든 어퍼든 일정에 맞게 예약하는 것을 최우선으로 삼자. 만약 예약을 못했더라도 당일 현장에서도 티켓을 구매할 수 있으니 희망을 갖자.

2018년 이전에는 현장 구매 시에도 무작정 기다리면 관광을 할 수 있었다고 한다. 그래서 예약하지 않고 기다리면 평균 1~2시간씩 걸리기 일쑤였다고 한다. 하지만 2018년부터 투어 수를 관리하면서 30분 이상 기다리는 경우가 없도록 룰이 바뀌었다. 그래서 현장에서 구매할 수 있는 투어 수 자체는 2018년 대비 줄어들었기 때문에 되도록 미리 예약을 하고, 현장 구매를 할 수밖에 없는 경우에는 아침 일찍 서두르도록 하자.

홀슈 밴드

홀슈 밴드는 그랜드 캐년 동쪽 끝 지점에 위치하고 있다. 그래서 라스베이거스에서 여행을 시작하면 그랜드 캐년을 지나 그 길로 조금만 더 가면 홀슈 밴드를 만날 수 있다. 근처에 엔텔로프 캐년과 포웰호수 전망대도 있는데, 트래킹을 하지 않고 감상을 목적으로 하면 하루 안에 모두 돌아볼 수 있다.

말발굽 모양의 협곡은 강원도 영월 선암마을 등에서도 볼 수 있다. 똑같이 강줄기의 침식과 퇴적으로 만들어진 S자 모양의 곡류지만 색상 조합 측면에서 홀슈 밴드가 훨씬 보는 맛(?)을 주는 것 같다. 그랜드 캐년의 붉은 암석을 오랜 세월에 걸쳐 침식시킨 콜로라도 강의 짙은 초록 물줄기는 스타워즈 영화 속 어느 행성의 모습 같다는 착각도 불러일으킨다.

홀슈 밴드는 최근에 사람이 몰리면서 관광지로서의 모습을 갖춰나가고 있다. 주차 공간이 넓어졌고, 관광객을 위한 펜스도 설치되었다.

간혹 더 멋진 사진을 위해 펜스를 넘어서 자유롭게 돌아다니는 사람들도

주차장에서 홀슈 밴드 가는 길.
홀슈 밴드는 땅 아래에 있어서
도착하기 직전까지 어떤 모습
인지 보이지 않는다.

종종 보이는데, 현장에 이를 제지하는 사람은 없다. 우리 부부는 아이들이 낭떠러지 근처로 가지는 않는지 신경쓰면서도 멋진 경치를 눈에 담느라 정신이 없었다.

우리는 어퍼 엔텔로프 캐년을 관광하고 페이지 시내로 들어가 간단히 식사를 한 뒤 홀슈 밴드에 도착했다. 홀슈 밴드 주차장은 원래 무료였으나 2019년 4월부터 승용차 기준 10달러의 주차비를 받고 있다. 주차장에서 홀슈 밴드까지 약 2.5km를 도보로 걸어야 한다. 그리 먼 거리는 아니나 여름 시즌일 경우에는 사막의 엄청난 열기 때문에 걷기가 쉽지는 않다. 우리는 페이지에서 얼음 2통을 준비하였고, 그 얼음은 아주 유용하게 사용되었다. 열기가 올라올 때마다 얼음 하나씩 입에 넣고 걸으면 걷기가 훨씬 수월해진다.

주차장에서 홀슈 밴드까지 가는 길은 처음에는 살짝 오르막이고 그 다음 길게 내리막이 이어진다. 가는 길은 상대적으로 쉬운데 오는 길은 결코 쉬운 편은 아니다. 긴 오르막을 올라야 하며 푹푹 빠지는 모래 길은 체력을 더 소진시킨다. 처음부터 마음을 여유롭게 먹고 천천히 움직이는 게 훨씬 체력을 아끼는 방법이다.

이렇게 고생을 하면서 홀슈 밴드에 도착을 하면 그 광경 앞에서 힘들었던 기억이 모두 사라진다. 흔히 거대한 자연의 모습을 볼 때 "내가 사회에서 이렇게 아등바등 살 필요가 있을까"라는 생각을 하게 되는데, 여기가 딱 그렇다. 수천, 수 만년 동안 만들어진, 생전 처음 보는 광경을 그저 넋놓고 바라볼 수 밖에 없었다.

홀슈 밴드는 그랜드 캐년에서도 상당히 멀리 떨어져 있는 곳이다. 나중에 라스베이거스에 다시 갈 일이 있더라도 홀슈 밴드까지 다시 가기는 쉽지 않다. 이왕 홀슈 밴드에 가기로 했다면 충분한 물과 음료를 준비하여 천천히 감상하고 사진도 많이 찍고 오자.

오전에 엔텔로프 캐년을 보고 오후에 홀슈 밴드를 봤다면 다른 곳으로 이동하기 전에 잠깐 짬을 내어 '와윕 오버룩(Wahweap Overlook)'에 방문하자. '와윕(Wahweap)'은 콜로라도 주와 유타 주 경계에 있는 지역이며 미국에서 2번째로 큰 호수인 파월 호수(Lake Powell)가 있다. 파월 호수는 콜로라도 강에 댐을 만들어 '글렌 캐년(Glen Canyon)'을 수몰시켜 만든 거대한 인공 호수다. 댐 건설 계획이 발표될 1960년대 당시만 하더라도 수많은 환경 운동가들의 반발을 사기도 했지만 우리 가족은 그 아름다운 모습을 보고 파월 호수의 팬이 되고 말았다.

와윕 오버룩은 파월 호수를 한 눈에 감상할 수 있는 곳인데, 개인적으로는 그렇게 멀리까지 산이나 건물 없이 트인 공간은 처음이었다. 그 공간 아래로는 수정처럼 맑은 푸른빛 수면이 있고 듬성듬성 솟아 있는 협곡의 붉은 봉우리들이 수면과 잘 어우러져 있다. 가슴 저 아래까지 시원하게 뚫리는 느낌을 받을 수 있는 곳이니 방문을 추천한다.

푸른색의 파월 호수는 너무 거대한 나머지 얼핏 작은 강줄기처럼 느껴지지만, 호수의 둘레는 무려 3,220km이다.

모뉴먼트 밸리

모뉴먼트 밸리를 제대로 즐기려면 일출, 야경을 봐야 하고 반드시 오프로드를 달려봐야 한다. 미국 여행을 준비하는 주변 사람들에게 모뉴먼트 밸리를 추천하면 한결 같이 '어떤 곳이냐?'라고 질문이 돌아오는데, 그 때 해줄 수 있는 말은 '황량한 넓은 벌판에 아주 드물게 우뚝 솟은 큰 바위'가 전부다. 대부분 그게 왜 좋았냐는 반응을 보이지만 사진을 보여주면 '아~여기?' 혹은 '와~대박이다'라고 반응이 달라진다. 별 것 없는 바위들일 수도 있겠지만 영화, 드라마나 광고의 배경으로 정말 자주 등장하는 것으로 봐서 사람의 감성을 건드리는 무엇인가가 확실히 있는 곳이다.

모뉴먼트 밸리의 일출, 야경을 보기 위해서는 밸리 근처에서 1박을 하는 것이 좋다. 가장 유명한 호텔은 '더 뷰(The View)'호텔인데, 호텔 가격 비교 사이트에서는 찾을 수가 없다. 별도로 호텔 홈페이지를 운영하고 있으니 그곳에서 예약해야 한다. 더 뷰 호텔이 워낙 인기가 좋기 때문에 만약 예약 가능한 방이 없다면, 더 뷰 호텔과 약 10분 거리에 위치하고 있는 '굴딩스 롯지(Goulding's

Lodge)'도 대안이다. 이 두 숙박시설을 제외한 다른 숙소들은 모두 몇 십분 거리에 위치하고 있으니 가능한 예약을 서둘러서 두 곳 중 한 곳을 예약하도록 하자.

모뉴먼트 밸리는 이름 그대로 바위들이 '기념비'처럼 우뚝 솟아 있다. 하지만 지질학 상으로 보면 바위들이 아래에서 위로 솟아난 게 아니라 풍화 작용으로 깎인 것이라고 한다. 어떻게 저 부위만 남기고 모두 평평하게 깎였을까 의문이지만, 그렇게 의문이 드는 풍경이기에 더욱 매력적으로 다가오는 곳이다.

사진을 찍으며 감상하는 것도 좋지만 모뉴먼트 밸리를 제대로 즐기려면 비포장 도로를 달려 '뷰트(buttes)'라고 불리는 바위산 옆까지 가봐야 한다. 밸리에는 크고 작은 바위들이 많아서 가급적 차체가 높아야 운전이 수월하기 때문에 SUV 렌트는 필수다. 엄청나게 흔들리는 차를 타고 바위산 옆을 지나면 고대의 어느 시간대로 거슬러 올라가는 기분이 든다. 그 순간 현대 문명은 우리 가족이 타고 있는 차가 전부다.

일출을 보고, 오프로드를 탐험 했다면 마지막으로 야경이 남아 있다. 야간에도 오프로드 투어를 할 수 있지만, 사실 좀 위험하기 때문에 아이들과 함께라면 추천하지 않겠다. 대신 호텔 객실에서 별이 쏟아지는 밸리를 감상하는 것만으로도 충분히 추억을 만들 수 있다. 인공적인 빛이 거의 없기 때문에 날씨만 적당히 맑아도 쏟아지는 별을 감상할 수 있다.

만약 전문카메라를 가져 갔다면 밸리의 야경을 제대로 찍어보자. F값은 F10 정도로 놓고 셔터 스피드는 10초~20초 정도로 놓자. 세팅이 완료되면 객실 난간에서 카메라를 삼각대에 얹고 찍으면 아름다운 야경을 담을 수 있다. 야간 오프로드를 달리는 차들도 종종 있기 때문에 그 타이밍에 맞춰 셔터스피드를 10초 정도로 두면 별 빛 아래 차량 궤적까지 동시에 찍을 수 있다. 만약 달이 떠 있거나 누군가 환한 조명을 근처에서 쓰고 있다면 F값을 올리든지 ISO값을 내려주면서 조절해보도록 하자.

그랜드 캐년, 홀슈 밴드 사진촬영 Tip

자동차 투어를 선택했을 경우에는 주요 전망대 근처에서 사진촬영을 하면 된다. 그랜드 캐년은 말 그대로 '끊임없는 깊은 계곡'이기 때문에 '조금 더 뒤로, 옆으로' 하다가 자칫 크게 다칠 수도 있으니 조심하자. 가능하면 카메라를 가진 사람이 움직여서 구도를 맞춰야 한다. 그랜드 캐년에서 사진기를 꺼내본 사람이면 모두 공감하는 것이 있는데, '눈으로 본 장관을 화면에다 옮기기는 불가능'하다는 점이다. 끝없이 펼쳐진 계곡을 다 담아내는 카메라는 없기 때문에 사람을 어떻게 배치할지도 애매하다. 더구나 그랜드 캐년 뷰 포인트들은 실제 계곡이 시작되는 지점보다 조금 떨어져 있기 때문에 사람에 초점을 잡고 계곡을 보게 되면 그냥 바위뭉치 정도로만 보인다. 더구나 아침 일찍 출발한 사람들이 그랜드 캐년에 도착하면 태양이 머리 위에 위치하기 때문에 캐년의 입체감이 더욱 느껴지지 않는다. 저녁이 되면서 그림자가 좀 더 늘어서야 계곡이 선명해지는데, 그랜드 캐년에서 1박을 하지 않는 이상 그 사진을 찍기는 힘들다.

이럴 때는 뷰 포인트에서 앉아있는 사진을 찍으면 된다. 피사체가 앉게 되면 밸리의 모습을 카메라에 좀 더 많이 담을 수 있고 앉아있는 곳의 고도도 표현할 수 있으며, 험한 계곡 속의 피사체 느낌을 잘 살릴 수 있다. 서서 찍을 경우 하반신까지 나타내면 멀리 있는 밸리 보다는 가까이 있는 땅 사진이 더 많은 면적을 차지해서 캐년의 모습을 나타내기에 적합하지 않다. 특히 서있는 피사체의 하반신과 밸리 배경을 동시에 찍기 위해 점점 더 뒷걸음 치기도 하는데, 촬영 시 낙상은 대부분 이런 식

꿀 떨어지는 Tip

으로 발생하니 유의하자. 앉아있는 피사체와 그랜드 캐년의 모습. 앉아있는 곳의 높이감과 더 넓은 그랜드 캐년이 동시에 표현된다.

헬리콥터 투어 촬영 Tip

헬리콥터 투어를 선택했을 경우, 사진 촬영이 쉽지는 않다. 핸드폰은 물론이고 DSLR도 마찬가지다. 전면 창을 통해 눈에 들어오는 전경은 상당히 멋지나, 그 창을 통해 카메라를 들이댔을 때는 유리에 비치는 잔상이 항상 찍힌다. 유리에 바짝 렌즈를 붙이면 잔상은 생기지 않을 수 있으나, 그래도 헬리콥터 창이 렌즈 필터 수준으로 깨끗한 편이 아니라 사진도 깨끗하게 찍히지 않는다.

흔히 헬리콥터 항공촬영은 항공촬영용 카메라로 출입문을 열어놓은 채로 찍는다. 일반 관광용 헬리콥터는 항공촬영용 안전 장치가 없으니 이 방법은 생각하지 않는 게 좋다. 그래서 헬리콥터 관광을 선택했다면 가급적 헬리콥터를 타는 경험 그 자체를 즐기자. 그래도 기념촬영을 하지 않을 수는 없는 법. 헬리콥터 안에서는 가족의 모습을 가운데 혹은 측면에 두고 하늘과 그 밑 캐년의 일부가 배경으로 나오도록 사진을 찍자.

헬리콥터 안에서 사람에 초점을 맞출 경우 바깥 배경이 너무 밝게 찍힌다. 이 경우 후보정으로 처리하는 방법 밖에 답이 없다. 밝은 영역의 노출을 많이 낮춰주면 배경과 사람 모습 모두 한 장의 사진에 잘 담을 수 있으니 참고하자.

그리고 어느 곳에서 찍었든지 그랜드캐년 부분에 대비와 부분대비 값을 높여주면 해가 정오에 있다 하더라도 좀 더 계곡의 깊이가 깊게 표현된다.

비포장 도로를 달리다 보면 아
이들의 천연 놀이터가 많이 보
인다. 화려한 장난감은 필요
없다.

앉아있는 피사체와 그랜드 캐
년의 모습. 앉아있는 곳의 높이
감과 더 넓은 그랜드 캐년이 동
시에 표현된다.

더 뷰 호텔의 모든 객실에서 일
출을 볼 수 있다. 잠이 많은 사
람도 잠깐 일출을 보고 다시 자
도록 하자.

캐나다
로키산 캠핑

아름다운 곳에서는 아이들의 생각도 아름다워진다.

"아빠,
캠핑은 너무
이쁜 것 같애"

#육안으로 은하수를 보다 #별자리 앱이 필요한 곳 #물은 원래 에머랄드빛인가

#휴게소 뷰 가스위스 뷰 #아아아 끊임없는 감탄 #자연 동물원 #그냥 가만 있어도 좋다

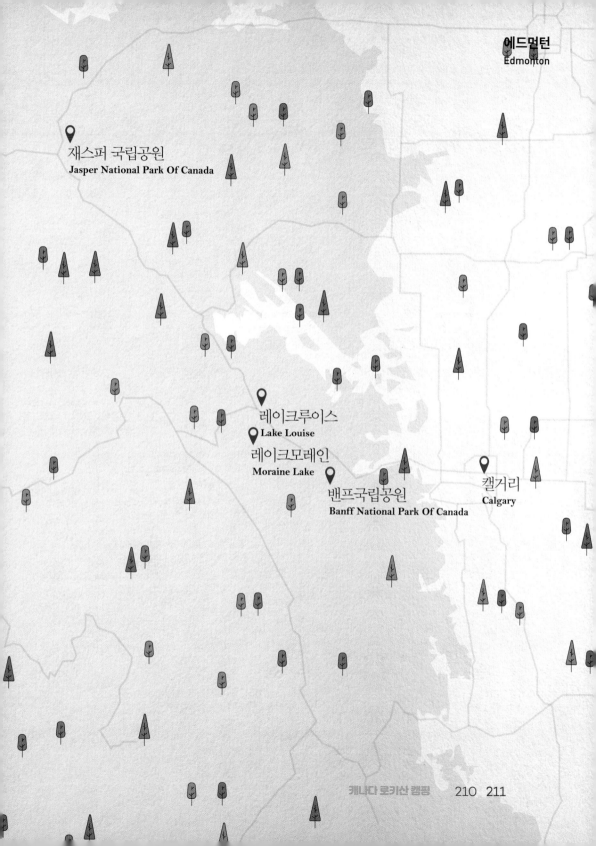

에드먼턴
Edmonton

재스퍼 국립공원
Jasper National Park Of Canada

레이크루이스
Lake Louise

레이크모레인
Moraine Lake

밴프국립공원
Banff National Park Of Canada

캘거리
Calgary

캐나다 로키산은 남-북으로 길게 뻗어있는 모양을 하고 있다. 관광객의 경우 보통 서쪽의 밴쿠버에서 로키산으로 가거나 로키산 바로 오른쪽 도시인 캘거리에서 로키산으로 여행을 시작한다. 로키산 북쪽에 위치한 애드먼턴에서도 관광객이 많이 오지만 캐나다 북부 현지인들이 대다수다. 외국인들의 경우에는 앞서 말한 밴쿠버에서 RV를 타고 오거나 캘거리에서 RV를 빌려서 아래쪽에 위치한 밴프국립공원부터 관광하는 게 일반적이다. 어디에서 로키산맥을 가든지, 가는 길 조차도 상당히 아름다우며 중간 중간 휴게소에 차를 세우고 쉴 때면 마치 스위스의 한 산맥자락에서 쉬고 있는 느낌이 든다.

로키산맥은 여러 국립공원과 주립공원이 연결되어 있는데, 대부분의 관광객은 밴프국립공원과 재스퍼국립공원을 관광하고 조금 더 여유가 있으면 요호국립공원 일부를 더 본다. 가장 유명한 호수들도 밴프와 재스퍼 국립공원안에 모두 위치하고 있어서 짧은 일정이라도 주요 관광코스들은 모두 관광할수 있다. 일주일 이상 관광일정을 잡는다고 하면 밴프와 재스퍼 중간에 위치한 요호국립공원의 에머랄드호수와 카타타우폭포 정도를 관광코스로 추가하면 적당할 것 같다. 캐나다인들은 "로키산맥은 스위스 산 100개를 합쳐놓은 것과 같다"라고 자부심 섞인 농담을 할 정도이니, 그 규모와 아름다움에 흠뻑 취할 준비만 하면 반은 여행준비가 끝난 것 같다.

캠핑 준비

캠핑장 예약

로키산맥에서 캠핑을 하기 위해서 가장 먼저 할 일은 캠핑장 예약이다. 캐나다는 캠핑의 천국이라는 명성에 걸맞게 연초부터 캠핑장 예약이 치열하다. 시설이 좋거나 경치가 좋은 캠핑장은 매년 1월달에 예약이 거의 끝난다는 것을 알아두자. 그래서 캐나다에서 여름휴가 혹은 겨울 여행을 계획하고 있다면, 당해 캠핑장 예약이 시작되는 1월달에 미리미리 예약을 해두는 것이 좋다. 캠핑장 예약은 캐나다 국립공원 홈페이지인 '파크 캐나다(Park Canada)'에서 일괄로 이뤄진다. 예약하기 전에 회원가입을 미리 해놓고 예약 방법 등을 숙지해놓자. 그리고 실제 예약 시스템이 오픈되면 재빨리 원하는 캠핑장을 예약할 수 있도록 하자.

참고로 캐나다의 캠핑장은 영어로 'campground'라고 표기한다. 루이스

밴프국립공원 휴게소 뒤편의 모습. 한국처럼 먹거리들을 파는 휴게소가 아니지만 충분히 힐링이 되는 뷰를 자랑한다

호수 캠핑장은 'Lake Louise Campground'라고 부르며, 'camping site'라고 표현하면 주로 그 캠핑장의 특정 구역을 지칭하는 말이 된다. 물론 'Lake Louise Camping Site'라고 표현해도 현지인들은 잘 알아 듣지만 구글 지도 등에서 캠핑장을 검색할 때는 'campground'라고 검색하는 것이 더 정확한 결과를 보여준다. 그리고 한국에서는 캠핑을 할 수 있는 자동차를 '캠핑카'라고 부르지만, 영어권에서는 'RV(Recreational Vehicle)' 혹은 '모터홈(motor home)'이라 부르고, 특히 캐나다에서는 도로 표지판 등에 'RV'라는 단어가 자주 나오니 이 정도 단어들은 알아놓도록 하자.

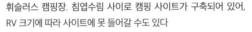

휘슬러스 캠핑장. 침엽수림 사이로 캠핑 사이트가 구축되어 있어,
RV 크기에 따라 사이트에 못 들어갈 수도 있다

터널 마운트 빌리지 캠프그라운드의
장작(firewood) 픽업 구역. 장작이
사람 키 높이 보다 높게 쌓여있다.

　　만약 RV를 빌릴 계획이라면 캠핑장 예약을 할 때 좀 더 신경 써야 한다. 우선 캠핑장마다 들어갈 수 있는 RV의 크기가 다르기 때문에 내가 가져가는 RV가 입장이 가능한지 먼저 살펴봐야 한다. 예를 들어 침실이 2개 있는 5~6인용 RV의 크기는 22~26피트(22~26 foot RV) 정도 되고 휘슬러스 캠핑장의 경우 일부 사이트에만 이 정도 크기를 주차할 수 있다. 따라서 렌터카 업체를 통해 정확한 크기를 파악하고 캠핑장 검색 옵션에 넣도록 하자. 자칫 캠핑장에 도착했는데 내가 빌린 RV를 주차 못하는 경우가 발생할지도 모르는 일이다.

　　캠핑의 묘미는 무엇보다 캠프파이어일 것이다. 그런데, 우리나라와 다른 점이 있다면 캠프파이어를 위한 화로대(firepit)가 사이트 내에 설치되어 있다는 점이다. 무쇠로 만들어진 큰 화로대이고 흙바닥에 살짝 묻혀있기 때문에 쉽게 들고 옮길 수 없다. 사이트에 따라 화로대가 없는 경우도 있는데 그렇다고 해서 돈을 주고 화로대를 사거나 빌릴 수 없다. 그러므로 캠프파이어를 하고 싶다면 캠핑장 예약 시에 꼭 화로대 유무를 확인하고 캠핑장을 예약해야 한다.

캠핑 사이트 안내문에 "firepit: YES"라고 표기되어 있으면 설치가 된 사이트이다

우리 가족은 10일간 로키 산맥 캠핑을 하였고, 이용한 캠핑장은 5군데였다. 그 중 레이크 루이스 캠프그라운드에서는 화로대가 없는 사이트를 예약했었는데, 아이들이 캠프파이어를 하고 싶다고 난리여서 관리사무소에 물어봤지만 방법이 없었다. 결국 큰 돌맹이들을 주워 간이 화로대를 만들어서 불을 잠깐 피우긴 했지만 위험하기도 하고 노력이 많이 드는 일이니 예약 시에 화로대 유무를 꼭 확인하도록 하자.

장작(firewood)을 수급하는 방식도 우리나라와는 좀 다르다. 우리나라처럼 인터넷 주문을 하거나 캠핑장에서 그물망에 묶인 장작을 사는 것이 아니다. 캐나다에서는 캠핑장마다 장작을 놓는 장소를 만들어 놓고 산더미처럼 장작을 쌓아놓는다. 보통 노지에 장작이 쌓여있어 비나 눈이 오면 장작이 그대로 젖기 때문에 비온 뒤에는 마른 장작을 고르기가 쉽지는 않다. 그리고 장작의 크기도 우리나라에 비하면 엄청나게 커서 불을 처음 붙일 때 잔가지 등을 활용해서 불씨를 잘 만들어야 한다.

그리고 캐나다 캠핑장에서 캠프파이어를 하기 위해서는 '캠프파이어 허가(fire permit)'를 받아야 한다. '허가'라고 하니 관청 같은 곳에 신고를 해야 할 것 같지만, 각 캠핑장 운영사무소에서 돈을 주고 불을 피울 수 있는 허가권을 사는 개념이다. 밴프 국립공원의 경우 캠핑장 이용금액에 이 허가권이 포함되어 있어 별도로 구매할 필요는 없다. 하지만 재스퍼 국립공원의 경우 각 캠핑장 입구 사무실에서 8.8달러에 허가권을 구매해야 한다. 허가권 없이 재스퍼 국립공원에 있는 캠핑장에서 불을 피울 경우 법적으로도 문제가 될 수 있으니 유의하자.

캠핑카(RV) 예약

캐나다에는 다양한 RV 업체가 지역별로 있다. 그만큼 서로 경쟁을 위해 프로모션도 많이 진행한다. 대부분의 업체에서는 일찍 예약하는 조건으로 할인 프로모션을 한다. 그래서 여행 계획이 확정되었다면 최대한 일찍 예약하는 것이 유리하다. 그리고 픽업(pick-up)과 반납(drop-off) 지역이 다른 경우에도 비용이 상이하니 수고스럽더라도 몇 가지 업체를 통해 옵션별 비용을 직접 검색해 보는 것이 좋다.

로키산 캠핑을 위해 RV를 대여하고 있는 대형 업체들은 캐나드림(Canadream), 웨스트코스트 마운틴 캠퍼스(Westcoast Mountain Campers), 프레이저웨이 RV렌탈(Fraserway RV Rentals) 정도가 있다. 어느 곳이나 예약하는 방법은 유사하다. 먼저 원하는 업체 사이트에 방문하여 여행 날짜, 픽업도시(Pick-up city)와 반납도시(Drop-off city)를 골라주고 검색(Search)한다. 그 다음 여행 인원수를 골라주면 되는데, 4인 가족이라고 4인용을 선택하면 조금 비좁을 수 있다.

4인용의 경우 침대가 1개여서 잘 때는 식탁테이블을 침대로 변경시켜야 한다. 5인용 이상의 경우 운전석 윗부분에 두 번째 침대가 있는데 여기가 아이들이 가장 좋아하는 2층 침대이다. 침대 2개가 설치된 RV는 훨씬 안락하며 아이들에게 더 큰 추억거리를 안겨줄 수 있으니 비용부담이 많이 되지 않는다면 침대가 2개인 RV를 예약하자.

우리 가족이 이용한 업체는 '캐나드림(Canadream)'이었고 이 업체는 캘거리 쪽에서 가장 큰 업체이다. RV의 종류도 많고, 무엇보다 차량 연식이 오래되지 않아 조금 더 쾌적하게 캠핑을 즐길 수 있다. 또한 공항이나 호텔까지 픽업,

샌딩 서비스를 위해 셔틀버스도 운영하고 있다. 셔틀버스를 이용하기 위해서는 전화나 이메일로 예약하면 되고 예약을 깜빡 했더라도 전화 한 통이면 셔틀버스가 달려온다. 그리고 채팅상담을 운영하고 있기 때문에 한국에서도 부담 없이 궁금한 점을 물어볼 수 있다.

세부적인 RV 예약 옵션에 대한 설명은 다음을 참고하자.

1
Select KM Plan

하룻밤에 몇 킬로미터를 운전할 것이냐는 옵션이다. 일반 자동차 렌트와는 달리 캠핑카는 '얼마나 움직일 것이냐?'에 따라 가격이 많이 달라지기 때문에 이 부분을 잘 계산해야 한다. 동선을 짠 뒤에 구글맵을 활용하여 총 합산 거리를 구하면 비교적 정확한 계획을 짤 수 있다.

예를 들어 터널마운틴 캠핑장에서 보우호수(Bow Lake)까지는 구글맵으로 98km가 나온다. 이런식으로 각 동선별 거리를 계산해 놓고 합산하자. 우리 가족의 10일 동안 동선을 계산해보니 총 1,566km였다. 따라서 '160km/night' 옵션을 10일동안 구매했다. 옵션이 총 1600km이므로 40km 정도 여유롭게 다닐 수 있었다. 더 비싼 옵션은 'Unlimited Km'인데 동선을 정확하게 짰다면 굳이 이 옵션을 고를 필요는 없어 보인다.

2
Preparation Fees

RV를 운영 가능한 상태로 정비해주는 옵션이다. 당연히 업체에서 무료로 해줘야 할 것 같지만 삭제 불가능한 옵션으로 넣어서 추가 요금을 받는다.

3
VIP Insurance Coverage

비용이 별도로 들지 않는 기본 보험 종류이다. VIP Insurance Coverage는 차량 파손의 약 20~30%를 보장한다. 차가 망가질 일은 거의 없지만 차량이 워낙 크다 보니 가벼운 접촉사고는 자주 일어난다. 우리 가족의 경우도 뒤범퍼가 벽에 부딪혀서 휘어지는 일이 있었고, 수리비의 일정 부분을 보장받았다. 그리고 현지에서 만난 어떤 분은 바퀴가 터져서 벤프정비소에서 수리를 하였고 이 부분도 VIP Insurance로 보장 받았다고 한다.

4
Convenience Kit

식기, 냄비 등이 포함되어 있는 옵션이다. 굳이 인원수대로 구비하지 않아도 된다. 경험상 가족 인원수에서 -1 정도로 선택하는 게 요령이다. 4인 가족이면 3인 kit만 신청해도 된다.

5
GPS Rental

차량용 내비게이션인데 렌탈 비용이 무척 비싼 편이다. 로키산에서는 핸드폰이 골고루 잘 안 터지기 때문에 GPS를 대부분 빌리지만 사용하기 무척 번거롭다. 우선 키워드 검색이 잘 안되고 주소기반으로 검색을 하는 시스템이다. 여행자가 '루이스 호수'의 주소를 어떻게 알겠는가? 차라리 구글맵을 핸드폰에 다운받아 오프라인으로 GPS를 이용하는 편이 훨씬 낫다.

RV 렌탈은 대부분 오후부터 가능하다. 오전에는 주로 반납업무가 이뤄지기 때문에 가능하면 호텔 예약을 할 때 늦은 체크아웃(Late Check-out)을 요청해 두는 것이 좋다. 그리고 RV 렌탈 업체마다 상이하지만 대부분 업체에서 여행자의 비행기 도착 스케줄을 체크한다. 여행자가 비행기를 이용했을 경우 비행기 도착 당일에는 RV를 픽업할 수 없게 해놓았으니 참고하자.

RV 반납 시간은 대부분 오전 일찍이다. 그래서 RV를 반납하는 날에는 아침 일찍 서둘러서 반납 준비를 해야 한다. 오수도 깨끗하게 정리해야 하며 간단한 청소를 해놔야 추가 요금이 부과되지 않는다. 렌탈할 때 '청소를 하지 않아도 되는 옵션'도 마련되어 있지만 오수를 처리한 뒤에 눈에 보이는 쓰레기 정도만 치워도 되기 때문에 굳이 해당 옵션에 가입할 필요는 없다.

캠핑카 필수 사용법

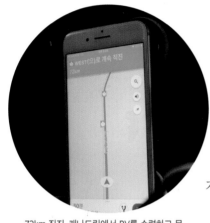

72km 직진. 캐나드림에서 RV를 수령하고 목적지인 '미네완카 호수'를 검색한 결과이다.

북미의 도로들은 대부분 널찍하고 주차장 또한 넓은 편이어서 운전을 크게 두려워할 필요가 없다. 오히려 너무 일직선 도로들이라 액셀러레이터를 계속 밟고 있기 힘들 정도이다. 대형 트럭이지만 RV에도 크루즈 기능이 대부분 장착되어 있다. 일직선의 장거리 도로가 많은 캐나다에서는 아주 유용한 기능이기 때문에 활용법을 모른다면 미리 숙지하고 이용하도록 하자. 물론 RV를 빌릴 때 직원이 친절히 설명해주기도 하지만 막상 차량 운전을 하면서 익숙하지 않은 기능을 조작하려면 위험할 수도 있으니 사전 숙지가 필수다.

RV를 이용해보지 않은 모든 사람들이 두려워하는 것은 바로 '오수처리'가 아닐까 싶다. 오수처리장, 배수구, 블랙워터, 케미칼 등 관련 용어를 듣기만해도 버겁다. 하지만 해보지 않아서 그렇지 한 번만 해보면 너무나 쉬운 일이니 두려워 말자. 업체에서 RV를 설명해줄 때 자세히 기억할 자신이 없다면 핸드폰으로 사진을 찍어 두는 것이 좋다. 그리고 더 자신이 없다면 설명 과정을 영상으로 찍어 두자. 실제 캠핑장에서는 오전에 오수처리를 위해 길게 줄을 선다. 그런데 오수처리장에서 막상 우리 가족 차례가 왔을 때 호스가 어디 있는지 이 호스는 어디에 끼우는 건지 헷갈리기 시작하면 말 그대로 '멘붕'이다.

RV의 오수는 2가지로 분류한다. 세수, 샤워, 설거지를 한 물은 '그레이워터(Grey Water)'이고 변기를 통해 내려간 물은 '블랙워터(Black Water)'이다. 변기

오수처리용 호스는 어른 주먹만한 직경의 시커먼
호스이다

위쪽이 저장용(Fresh water intake), 아래 쪽이 바로 사용
하는 용도(City Water)의 입구이다

왼쪽이 그레이워터 레버, 오른쪽이 블랙워터 레버이고 잡아 당기면 오수가 배출된다

에 화학약품을 넣어서 물을 내리면 그 화학약품이 대소변을 완전히 분해한다. 냄새도 거의 나지 않는 검은색 액체로 만들어 지고, 이를 '블랙워터'라고 부른다. '케미칼(Chemical)'이라고 부르는 화학약품은 마트에서도 대량으로 팔지만 3일에 한 알 정도 쓰기 때문에 RV 렌트 업체에서 소량 구매하는 것이 낫다. 오수처리를 한 후 깨끗한 상태에서 케미칼을 변기에 넣고 내려주면 모든 준비는 끝난다. 참고로 케미칼은 대소변이 쌓인 탱크에 넣는 것이 아니라 쌓이기 전, 미리 넣는 것임을 명심하자.

오수처리는 대부분 캠핑장 내의 오수처리장에서 진행한다. 밴프 국립공원의 '터널마운틴 트레일러 캠프그라운드'처럼 일부 시설 좋은 캠핑장에서는 사이트 내에서 바로 오수를 처리할 수 있지만 대부분의 캠핑장에서는 공용 오수처리 시설에서 해결한다.

블랙워터와 그레이워터는 하나의 배관을 통해서 최종 배출된다. 그래서 오수처리용 호스를 끼우는 구멍은 한 개 밖에 없다. 구멍에는 고무나 플라스틱으로 된 뚜껑이 있는데 버클 한 쌍으로 채워져 있다. 버클을 차 쪽으로 밀거나 바깥쪽으로 당기면 풀리는데, 양쪽 버클을 다 풀면 뚜껑을 뺄 수 있다. 뚜껑을 빼고 호스를 끝까지 밀어 넣은 뒤, 다시 버클을 채워주면 고정이 된다.

호스를 차에 고정시켰으면 호스 나머지 한 쪽 끝을 오수처리장 바닥에 있는 뚜껑(보통은 쇳덩어리다)을 열고 꽂으면 배출 준비가 모두 끝났다. 호스 위쪽에는 블랙워터와 그레이워터 레버가 각각 1개씩 있는데, 레버를 당기거나 비틀면 워터가 배출된다. 일반적으로 블랙워터를 먼저 배출시키고 그 다음 그레이 워터를 배출시킨다. 배출이 끝난 다음에는 레버 위치를 원래 자리로 돌려놓아야 다음 사용시에 바깥으로 물이 흐르지 않는다.

물을 급수하는 곳은 2군데가 있다. 급수구가 아래와 위 2군데 위치하는 경우가 대부분이고 그 중 하나는 일반용, 또 하나는 '씨티워터(city water)' 용이다. 급수는 일반용 주입구를 이용하며 레버나 볼트-너트 방식으로 되어 있지 않고 그냥 호스로 물을 흘려 보내는 방식으로 주입을 한다. 워터탱크에 물이 얼마나 차고 있는지 게이지 표시장치가 있지만 굳이 표시장치를 볼 필요는 없다. 물이 가득 차면 자연스럽게 흘러 넘치는데 흘러 넘쳐도 문제는 되지 않는다. 흘러 넘칠 때까지 급수하고 뚜껑을 닫아주면 된다.

똑같은 수도처럼 생겼지만 '씨티워터(city water)'라고 쓰인 수도가 있다. 씨티워터는 저장용 시설이 아니라 그 자리에서 차와 연결해서 바로 쓰는 용도이다. RV에서 물을 사용하기 위해서는 사용 전에 워터 펌프를 켜고 사용해야 수압이 유지되는데 씨티워터를 연결해 놓으면 워터펌프가 없어도 강한 수압이 유지된다. 강한 압력으로 물이 공급되다 보니 세탁기 연결호스처럼 볼트와 너트로 연결되게 되어 있다. 씨티워터에 연결해 놓았다고 해서 RV 물탱크에 물이 저장되는 것은 아니다. 씨티워터가 있다고 하더라도 물 공급은 일반 주입구를 통해 따로 해 놓아야 한다. 정리하자면, 일반 주입구를 통해 평소에 쓸 물을 저장해 놓고 캠핑장에 머무는 동안 고수압으로 편하게 물을 쓰고 싶다면 씨티워터를 연결하면 된다.

이외에 RV를 이용하면서 정리한 팁을 소개한다.

1. 기어는 자동이지만 오른쪽 아래에 있는 것이 아니라 핸들 우측에 붙어 있다. 기어를 바꿀 때 조금 힘을 줘서 바꿔야 하기 때문에 여성은 운전이 조금 버거울 수 있다.
2. 한국에서는 상향등을 두 세 번 깜빡이면 상대방에게 주의하라는 뜻이거나, 추월할 테니 비켜달라는 부탁(?)이 되지만 유럽에서는 '내가 양보할 테니 안심하고 들어오라'는 의미다. 캐나다는 전 세계에서 관광객이 방문하는 국가다. 비켜달라는 뜻으로 상향등을 사용하지 말자.

3. 밴프나 재스퍼 시내는 무척 작은 타운이다. 많은 관광객이 작은 도시로 밀려오니 당연히 공간이 부족하고 좁다. 사람들도 많으니 큰 RV를 가지고 시내에 진입할 때는 각별히 유의하고 RV주차를 위해 주차공간이 별도로 마련되어 있으니 미리 확인하고 시내주행을 하자.

4. 차를 운전하는 사람이면 보통 후진 주차를 할 때 주차고임목에 뒷바퀴가 닿을 때까지 후진한다. 그런데 주차고임목은 승용차 기준으로 차량 뒷편 길이를 계산해 놓은 것이므로 RV를 후진할 때는 절대로 고임목에 닿을 때까지 하면 안 된다. 아마 주차고임목에 바퀴가 닿기 전에 뒤차 혹은 벽에 부딪힐 것이다. 주행에서 얻은 자신감을 주차에서 다 잃어버릴 수 있으니 조심 또 조심하자. 웬만하면 보조석에 앉은 사람에게 부탁하여 주차 시 차 앞뒤를 봐달라고 하는 것이 훨씬 안전하다.

5. 앞에서 이야기했지만, 캐나다에서 빌리는 RV는 거의 모두 가솔린 차량이다. 절대 경유를 넣는 실수를 해서는 안 된다.

6. 캐나다 로키의 저녁은 춥다. 한 여름에도 밤에는 히터를 사용해야 할 경우가 많다. 그런데 젖은 신발이나 슬리퍼를 말릴 목적으로 히터 앞에 두지 말자. 장시간 건조가 되면 변형이 되어 여행 현지에서 신발을 못쓰게 되는 경우가 있다. 특히 침대 바로 아래는 자연스럽게 신발을 벗어 두는 장소가 되는데, 여기에 히터가 설치된 RV가 많으니 유의하자.

7. 캐나다 로키산에는 곰이 많다. 요즘은 관광객들이 많아 직접 곰을 보는 사람들은 적지만 그래도 곰은 나타난다. 특히 한국 캠핑장을 생각하고 밤 늦게까지 캠프파이어를 하며 음식을 먹지 말자. 야간의 음식 냄새는 곰을 유인하는 아주 좋은 조건이다. 혹여나 곰이 나타나면 얼른 피해야 하며 사진을 찍으려는 시도는 절대 하지 말아야 할 행동이다. 귀여운 외모지만 곰은 맹수이다.

8. 캐나다 캠핑장은 대부분 일찍 잠든다. 저녁 9시만 되어도 모두들 RV로 들어가서 인적이 드물어진다. RV 밖에서 맥주를 먹거나 시끄럽게 떠들면 크나큰 실수다. 안전을 위해서라도 맥주 등은 RV 안에서 먹자.

밴프국립공원

미네완카호수

캐나다 로키산의 호수들은 대부분 빙하가 녹아서 만들어졌다. 거대한 빙하가 산맥을 치고 지나가면서 웅덩이가 생기고, 빙하가 녹은 물이 웅덩이에 고이면서 호수가 생긴다. 그래서 호수 근처 산이 지니고 있던 광물의 종류에 따라 호수의 물빛이 달라진다. 그렇기 때문에 로키산의 수많은 호수들을 볼 때 '비슷비슷하다'라는 느낌이 들지 않고 '여긴 또 이렇게 다르구나'라고 느껴진다. 그리고 빙하가 녹은 물이 끊임없이 유입되기 때문에 한여름이더라도 호수의 물은 얼음장처럼 차갑다.

캐나다의 호수들은 멀리서 볼 때 에메랄드 빛을 띠다가도 가까이 가서 보거나 물을 손에 담아 관찰하면 투명하게 보인다. 그 이유는 멀리서 볼 때와 가까이서 볼 때 빛의 반사 각도가 다르기 때문인데 조금 멀리, 위쪽에서 볼 때 빛이 더 잘 반사되어 호수의 에머랄드 빛도 더 짙게 느껴진다. 그래서 더 아름다운 색의 호수를 보기 위해서는 조금 멀리, 위쪽에서 호수를 바라봐야 한다.

미네완카호수와 투잭호수는 관광객이 머무는 주변 땅이 호수와 높이가 거의 비슷하기도 하고 호수 자체가 영롱한 에메랄드 빛을 띠지는 않기 때문에 다른 호수들보다 색상이 아름답지는 않다. 그래도 캘거리에서 로키산으로 들어가는 길목에서 가장 먼저 만날 수 있는 호수들이고 일반 호수와는 비교도 안될 정도로 아름답기 때문에 첫 만남을 기대해봐도 좋다.

미네완카호수는 시내버스가 다니는 곳이어서 버스를 타고 관광을 오는 현지인들도 많다. RV 주차장은 별도로 마련되어 있는데 근처 도로에 진입하면 안내원이 친절히 위치를 안내해준다. 주차장과 호수는 조금 떨어져 있는데 주차장을 등지고 좌측으로 약 50미터 정도 걸어가면 호수 쪽 입구가 나온다. 호수로 들어가는 길이 상당히 아름답기 때문에 가족 중 한 명이 나머지 가족들이 걸어 들어가는 뒷모습을 촬영하면 엽서 한 장을 얻을 수 있다.

호숫가에는 선착장이 있는데 작은 유람선 등을 탈 수 있다. 나중에 모레인 호수나 루이스호수에서는 카약이나 보트 타기가 치열하니 여기서 여유롭게 배를 타보는 것도 좋은 옵션이다.

캐나다 관광을 하다 보면 붉은 색 의자 한 쌍을 자주 볼 수 있다. 유명한 관광지에는 항상 이 의자가 있고, 보통 베스트 포토존에 설치된다. 미네완카호수에서도 이 의자를 볼 수 있으며 많은 사람들이 그 의자에서 사진촬영을 하기 위해 줄을 선다. 그런데 의자의 등받이가 워낙 높아서 아이들이 앉을 경우 뒤에서 보면 의자만 덩그러니 보일 정도다. 그래서 의자 팔걸이에 아이들을 앉히거나 의자 앞 면이 비스듬히 보이도록 사진 촬영을 하는 것이 좋다.

그림 엽서 같은 미네완카호수 출입구. 선착장도 호수와 잘 어우러진다.

미네완카호수의 붉은 색 의자 한 쌍. 멀리 지나가는 모터보트가 거대한 호수의 규모를 짐작할 수 있게 해준다

미네완카는 주차시설이 넓고 카누나 유람선을 탈 수 있는 호수다. 수영도 가능하지만 물로 들어가는 입구가 큰 자갈로 되어 있어 입수가 편한 편은 아니다. 그리고 우리 가족은 7월초에 방문했었지만 날씨가 꽤 쌀쌀했고, 호수의 물은 빙하가 녹은 물이라 완전 얼음처럼 느껴진다. 간혹 인증샷을 위해 물속에 들어가는 어른 1~2명 빼고는 발만 담그는 수준이라고 생각하면 된다. 아이들이 놀기에는 바로 근처에 위치하는 투잭호수가 훨씬 좋으니 여기에서는 광활한 호수를 눈에 담는 것으로 만족하자.

투잭호수

투잭호수는 미네완카호수에서 차로 5분 거리에 있다. 미네완카호수는 호수의 깊이가 더 깊고 웅장한 느낌이라면 투잭호수는 평온하고 잔잔한 느낌이다. 투잭호수 역시 미네완카와 마찬가지로 로키산맥의 다른 호수들보다 규모가 큰 편이다. 호수 바로 앞 부분까지 차량이동이 가능해서 패들이나 카누 혹은 개인 보트를 가지고 와서 레저를 즐기는 사람들이 많다.

투잭호수 곳곳에는 피크닉 테이블과 쉼터가 많이 조성되어 있다. 그래서인지 관광버스를 타고 와서 급하게 사진을 찍고 떠나는 사람들 보다는 먹을 것을 싸가지고 와서 한적하게 여유를 즐기는 사람들이 많다. 호수 주변 언덕에 잔디밭도 넓게 조성되어 있는데, 그곳에 피크닉매트를 펴고 누워서 호수와 하늘을 바라보는 여유를 가져볼 수도 있다.

캐나다 여행을 하다 보면 도로에서 곰도 만날 수 있고, 사슴이나 다른 여러 동물들을 만날 수 있는데 지역마다 자주 볼 수 있는 동물들은 어느 정도 정해

투잭호수 잔디밭에서 망중한을 즐기는 사람들

져 있다. 투잭호수에서는 '마멋(marmot)'을 쉽게
볼 수 있는데, 미어캣처럼 두 발로 서서 경계를 하
기도 하고 시끄럽게 소리를 내기도 한다. 마멋
들은 주로 언덕에 땅굴을 파고 집단 생활을 하

투잭호수 주변에서 흔히 볼 수 있는 마멋. 크기는 다
람쥐 정도인데, 콧등이 주황색인 것이 특징이다

는데 호수 근처 언덕에 작은 땅굴들이 보인다면 마멋 서식지일 확률이 높다.
마멋은 사람을 공격하는 동물은 아니고 오히려 사람을 경계하기 때문에 위험
하지는 않다. 평소 한국 동물원에서도 볼 수 없는 동물이어서 아이들이 좋아
하면 마음껏 구경하도록 해도 안전하다.

투잭호수는 완만하게 동그란 호수라기 보다는 호수 주변 땅이 호수 쪽으로 돌출해 있거나 3~4미터의 언덕을 이루는 부분도 있다. 그냥 완만한 호수라면 별 감흥이 없었을 텐데 옆과 아래위로 지형 변화가 다양한 곳이라 큰 호수임에도 불구하고 아기자기한 맛도 난다. 변화하는 지형의 포인트 별로 아름다운 사진을 찍을 수 있는 곳이 곳곳에 존재하기 때문에 가만히 서서 호수를 감상하기 보다는 호수 주변을 산책하면서 마음에 드는 곳에서 인생사진을 남겨보도록 하자.

투잭호수 가에는 큰 나무 한 그루가 있다. 세로로 든 카메라에 나무를 다 채워주면 멋진 사진 배경을 만들 수 있다

오후의 매표소 전경. 평일이었음에도 불구하고 이렇게 줄을 서서 매표를 해야 한다. 반드시 예매하자

설퍼산 정상에 있는 레스토랑 Sky Bistro. 이국적인 산과 들판을 배경으로 식사를 할 수 있다.

설퍼산, 밴프곤돌라

설퍼산은 로키산맥의 산 중 하나이고, 밴프곤돌라를 통해 거의 정상까지 올라갈 수 있어 힘들이지 않고 로키산의 절경을 볼 수 있는 곳 중 하나이다. 아이들의 경우 산 자체보다는 곤돌라에 더 관심이 많을 수도 있지만 어쨌든 아이들을 산에 데리고 가기 좋은 조건이 갖춰져 있다.

밴프곤돌라 역시 사전 예약을 추천하며, 관람 시간은 오후보다 오전이 더 좋다. 밴프곤돌라는 웹사이트를 통해 예매가 가능하고 예매권의 바코드로 현장 출입이 가능한 시스템이다. 오전 일찍 가면 현장 매표소가 그리 붐비지 않아 현장 발권을 할 수도 있다. 그런데 오후에 방문할 경우 사전 예약이 필수이며 출입증도 인쇄하여 가는 것이 출입에 훨씬 시간을 절약하는 방법이다.

그리고 어른 둘, 아이 둘의 4인 가족이라면 개별 구매 보다는 홈페이지에서 'KIDS GO FREE' 이용권을 이용하는 것이 훨씬 저렴하다. 대신 이 프로그램은 오전 11시 전에 방문해야 하며, 4인 가족 기준 평일 이용권은 캐나다 달러로 113달러 내외이다. 참고로 표 구매 시 출발하는 시간과 돌아오는 시간을 정하

구름과 맞닿은 정상, 여름이지만 녹지 않은 산 정상의 눈, 그리고 에메랄드 빛의 보우 강줄기가 한 폭의 그림을 만든다.

게 되어 있는데, 돌아오는 시간은 정확히 지키지 않아도 되니 상황에 따라 여유롭게 결정하면 되겠다.

　키즈고 프리 티켓을 구입하면 소소한 선물도 받을 수 있다. 입장 후 입점해있는 카페에 티켓을 보여주면 아이 수대로 웰컴 쿠키를 선물로 주며, 매표소에 보여주면 목에 걸 수 있는 컬러링 북과 색연필을 받을 수 있다. 우리는 처음에 쿠키만 받았는데 다른 아이들이 컬러링 북을 목에 걸고 있는 것을 보고 그 정체를 알게 되었다. 매표소에서 받는 것이어서 현장에서 표를 구매하지 않아도 되는 우리는 그냥 지나치고 말았던 것이다. 키즈고 프리 티켓 소지자한테는 전부 지급되는 것이어서 예매권을 지참하고 매표소에서 아이들 기념품을 챙기도록 하자.

이른 아침에 곤돌라를 타고 올라가면 산 골짜기마다 안개가 꼈을 확률이 높고 좀 심할 경우 비가 내리고 있을 수도 있다. 그런데 로키산맥 날씨는 오전을 지나 오후가 되어서야 날씨가 좋아지는 경우가 많으니 오전 날씨가 좋지 않더라도 크게 낙담은 말자. 우리 가족이 설퍼산에 오르던 날도 새벽에는 비가 내렸고, 오전에 곤돌라 탈 때는 잠깐 괜찮더니 곤돌라에서 내리는 순간 비가 내리기 시작해서 곧 폭우로 변했고 우박까지 내렸다.

설퍼산 정상에 도착하면 설퍼산이 내려다보이는 간단한 뷔페식 레스토랑이 있다. 우리 가족은 아직 식사 전이기도 하고 비와 우박을 피하기도 할 겸 이 레스토랑에서 아침 식사를 했다. 비용은 세금을 포함해서 어른이 19 달러, 아이가 10달러여서 설퍼산의 뷰와 함께 식사를 하는 것 치고는 저렴한 편이다. 식사를 마치고 나니 언제 그랬냐는 듯 예쁜 하늘을 선물해 주는 캐나다 하늘. 우리는 레스토랑을 나서 산 정상까지 이어진 데크 길과 계단을 걸어갔다.

설퍼산을 등반할 때는 7~8월이라도 옷을 따뜻하게 입는 것이 좋다. 설퍼산 정상의 공기는 한 여름이라도 굉장히 차갑다. 경량 패딩을 입어도 과하지 않을 정도이다. 우리는 정상 등반까지 약 15분간 이어지는 나무 길과 계단을 오르는 동안 한 차례 비바람을 만났고, 내려올 때는 언제 그랬냐는 듯 다시 따뜻한 햇살을 맞았다. 정말 '변화무쌍'이라는 말을 실감할 수 있는 날씨였다. 하지만 그런 날씨를 뚫고 올라가면 모든 것이 용서가 되는 절경이 펼쳐진다.

설퍼산을 충분히 만끽하였다면 옵션으로 즐길 거리가 한 가지 있는데, 바로 '온천(hot springs)'이다. 밴프 곤돌라 주차장에서 약 200미터 정도 떨어져 있는 곳에 온천이 있다. 이름은 '어퍼 핫 스프링(Upper Hot Spring)'이다. 한국으로 치면 큰 목욕탕 크기 정도의 작은 온천인데 관광객이 정말 많다. 정말 다양한 나라의 사람들이 로키산을 배경으로 온천을 즐기러 이곳에 들리는데 아무리 캐나다 여름이 쌀쌀하지만 온천은 겨울에 추천하는 바이다. 여름에 온천을 하기에는 그래도 좀 덥기 때문에 아이들도 어른도 오래 버티지 못하고 금방 나오기 일쑤니 참고하자.

크로우풋

로키산의 메인 호수인 루이스호수와 모레인호수를 보기 위해서는 밴프국립공원 북쪽으로 향해야 한다. 남북으로 길게 이어진 로키산을 따라 북향하다 보면 산 중턱에 새 발자국처럼 생긴 거대한 빙하가 걸려있는 것을 볼 수 있는데, 여기가 바로 '크로우풋 빙하(Crowfoot Glaciers)'이다. 구글맵에서는 'Crowfoot Mountain'으로 검색되는데 산 서편과 동편 두 군데가 검색결과로 나온다. 밴프에서 북향하며 볼 수 있는 곳은 동쪽 편이니 구글맵을 활용할 때 참고하자.

지금은 새 발자국을 형성하는 세 개의 큰 빙하 줄기 중 가장 아래쪽 빙하가 거의 다 녹은 상태지만 그래도 빙하의 거대한 전경은 우리 가족의 시선을 오랫동안 붙잡았다.

빙하가 녹지 않고 그대로 있었다면 훨씬 그럴싸한 모습이었을 것 같았다. 우리 아이들에게는 북극곰 스토리와 더불어 지구 온난화를 막아야 하는 또 한 가지 이유가 생긴 시점이었다. 굳이 북극곰이 빙하 위에서 어쩔 줄 몰라 하는 영상을 보여주지 않아도 환경을 보호해야 한다는 생각이 자연스럽게 스며드는 것 같았다. 굳이 코로나 시대에 마스크의 중요성을 말해주지 않더라도 평소에 마스크를 쓰며 자연스럽게 질병문제에 대해 인식하는 것과 같은 맥락이었다.

잠깐 멈춰 구경하려 했지만, 어느덧 의자까지 펴고 넋을 놓고 바라보았다. 사진보다 실물이 훨씬 감동적이다.

보우호수

크로우풋 빙하에서 조금만 더 위로 가다 보면 차들이 많이 주차되어 있는 전망대가 하나 나오는데 이곳이 '보우호수 전망대'이다. 보우호수를 제대로 즐기려면 이 전망대에서 호수 전경을 먼저 구경하고 그 다음 보우호수 주차장에 차를 대고 차가운 호수에 발을 직접 담가보아야 한다.

보우호수 전망대는 도로변 주차장 치고는 주차 공간이 상당히 넓다. 우리 가족은 여기에 RV를 주차하고 간식을 해먹었는데 한인마트에서 공수한 떡볶

보우호수로 가는 길. 약 200미터 정도 들어가야 함에도 그 불편함이 오히려 선물 같이 느껴지는 경치였다.

보우호수, 그리고 떡볶이와 만두튀김은 잊지 못할 오감만족 궁합이었다.

이와 만두였다. 한국을 떠난 지 한 달 정도 지난 시점에서 보우 강을 배경으로 두고 떡볶이와 만두튀김이라니. 이 보다 더 좋을 순 없었다.

전망대를 봤다면, 네비에 '심슨 넘티자 롯지(Simpson's Num-Ti-Jah Lodge)'를 찍고 보우호수 주차장으로 가보자. 보우호수 주차장은 구글맵에서 검색하기 까다로우니 호수 바로 옆 롯지를 찍고 가면 편하다. 보우호수도 상당히 유명하기 때문에 주차장이 만석일 경우가 많다. 그래서 들어가는 길부터 갓길에 차들이 주차되어 있는데, 적당한 곳에 주차하고 좀 걸어 들어갈 생각을 하는 것도 좋다. 그 길 자체로도 상당히 수려한 경치를 선물해준다.

보우호수에 도착하면 사람들이 많은 중앙 쪽에 있지 말고 오른쪽 샛길로 더 들어가보자. 그러면 한적하면서 물이 얕은, 아이들이 놀기에 적합한 장소가 나온다. 경치도 호수 중앙 부분 못지않게 좋기 때문에 아이들이 노는 모습을 멀리서 카메라로 담아내기만 하면 평화롭고 아름다운 사진이 계속 만들어진다.

'빙하가 녹은 물로 만들어진 호수'라고 처음 들었을 때는, 현재도 빙하가 녹고 있을 것이라고 생각하지 못했다. 하지만 로키산맥의 거의 모든 호수에 현

보우호수 오른쪽으로 돌아가면 이렇게 한적하고 아이들이 놀기 좋은 장소가 나온다

재 진행형으로 빙하 녹은 물이 유입되고 있다. 거대한 빙하 위쪽에 눈이나 비가 내리면서 빙하가 두꺼워지고, 빙하 아래쪽은 조금씩 물이 녹아 호수로 유입되는 형태다. 보우 호수 역시 그런 상태이기 때문에 호수 물은 얼음 못지 않게 차갑다. 발목까지만 살짝 담근다며 발끝을 대는 순간 화들짝 놀랄 정도로 물이 차갑다. 또, 흐르지 않는 물이기 때문에 물 밑 자갈들이 뾰족뾰족한 경우가 많다. 그래서 호수에서 아이들이 물에서 놀 것을 대비하여 슬리퍼 형태의 신발을 준비해 주는 것이 안전하다.

페이토호수

페이토호수는 곰 발바닥 모양의 호수이며, 아주 진한 에메랄드 빛을 띠고 있기로 유명하다. 보우 호수가 직접 물에 발을 담그는 체험형 호수라고 한다면, 페이토호수는 사진 배경용 혹은 감상용 호수라고 분류할 수 있다. 산 위에

페이토호수의 전경. 진한 에메랄드 빛의 귀여운 곰 발바닥처럼 생긴 호수로 유명하다

서 호수를 내려다보며 관광을 하게 되며 낭떠러지가 있어 관람용 펜스가 설치
되어 있다. 하지만 대부분의 사람들이 펜스를 넘어가서 좀 위험한 곳에서 호수
를 관람한다. 아이들을 데려간다면 특별히 조심해야 할 부분이다.

　　페이토호수 관람을 위해서는 '보우 서밋(Bow Summit)'에 주차를 해야 한다.
전망대 이름이 '보우 서밋'이어서 보우호수를 바라볼 것만 같은데, 실제로는
페이토호수를 보는 곳이니 헷갈리지 말자. 주차를 하고 나서 전망대로 가려면
산길을 조금 걸어 올라가야 하는데 아이들을 데리고도 그리 어렵지는 않다. 여
름에는 숲 속에 산모기가 득실대니 모기 기피제가 있다면 반드시 뿌리고 가야
한다. 큰 산의 모기라서 그런지 한국 모기들보다 더 독한 것 같다.

루이스호수 주차장을 지나면 바로 보이는 광경. 설산을 비롯한 거대한 산맥들이 호수를 더욱 또렷하게 만들어준다

루이스호수

　지금까지 소개한 호수들은 비교적 여유롭게 볼 수 있는 호수였다. 반면 루이스호수는 그 유명세만큼이나 원할 때 편하게 볼 수 있는 호수는 아니다. 모레인호수와 더불어 캐나다 전체를 통틀어 가장 유명한 호수이기 때문에 정말로 많은 관광객이 몰린다. 루이스호수 주차장은 대부분 만차인데, 이 경우 상당히 거리가 있는 보조 주차장(Lake Louis Overflow)에 주차를 하고 셔틀버스를 이용해서 호수로 가야 한다.

그런 불편함을 겪지 않기 위해서 많은 관광객들이 아침 일찍 서둘러서 루이스호수를 보러 간다. 우리 가족은 루이스호수를 두 번이나 보러 갔었는데, 두 번 모두 아침 6시~7시 사이에 도착했다. 그 중에 한 번은 6시에 주차를 하고 그 자리에서 잠을 더 청했는데, RV를 가지고 간다면 이것도 좋은 방법 중에 하나다.

루이스호수가 많은 사람들의 사랑을 받는 이유는 호수 그 자체의 아름다움도 있지만, 호수 주변 길을 따라 트래킹을 할 수 있다는 점과 초록색 호수와 대비되는 빨간 카누를 탈 수 있다는 점이다. 트래킹 코스는 멀리 보이는 호수 반대편 끝까지 이어지며, 그곳에서 빙하가 녹은 물이 호수로 흘러 들어가는 광경도 같이 감상할 수 있다.

호수 왼편에는 카누 선착장이 있다. 사람이 많을 때는 카누를 빌리는 것도 쉽지 않으니, 만약 카누를 탈 계획이 있다면 도착하자마자 카누를 빌리거나 예약을 해놓는 것이 좋다. 시간 상으로 30분과 1시간 두 가지 코스가 있으며 1시간 기준으로 어른 둘, 아이 둘에 135불을 냈었다. 카누는 3인승 밖에 없는데, 아이가 두 명일 경우 몸무게 차이가 별로 나지 않으면 탑승을 허락한다. 몸무게 차이가 많이 나면 배 운행시 균형이 맞지 않아 위험할 수 있으니 참고하자.

카누를 타고 선착장에서 호수 끝까지 갔다 오는 데는 약 55분이 걸린다. 중간에 사진을 찍거나 여유를 즐긴다면 호수 끝까지 굳이 갈 필요 없이 선착장 주변에서 여유를 즐기자. 나중에 시간에 쫓겨 땡볕에 열심히 노를 저으면 지옥훈련이 따로 없다. 우리 역시 호기롭게 호수 끝까지 가서 사진을 찍고 놀다가 시간이 촉박해서 몸이 땀에 흠뻑 젖을 정도로 노를 저어서 돌아왔다. 그런데 열심히 노를 저어 시간 안에 도착했더니 선착장 직원이 딱히 시간을 정확히 재지는 않는 것 같았다.

루이스호수 앞에는 유명한 호텔인 페어몬트 샤토 레이크 루이스 호텔(Fairmont Chateau Lake Louis Hotel)이 있다. 호텔 전경도 멋지고 가든도 잘 꾸며져 있어서 많은 관광객이 이곳에서 휴식을 취하거나 사진촬영을 한다. 가든에는 '호텔 이용객만 이용할 수 있다'는 안내판이 있지만 많은 관광객이 그냥 이용하고 있고 호텔측에서도 딱히 이를 제지하지는 않는 것 같다.

시간과 금전적인 여유가 있다면, 호텔 1층에 위치한 카페에서 애프터눈 티를 즐겨보는 것도 좋다. 이용객이 많기 때문에 루이스호수 방문 일정에 맞춰 미리 예약을 하는 것이 좋다. 참고로 호텔 화장실 이용은 투숙객과 카페 이용자만 가능하다. 급한 일이 생겼을 때 호텔로 달려가면 더 곤혹스러울 수 있으니 주차장 입구에 있는 공중 화장실을 이용하도록 하자.

루이스호수 입구에서 호텔을 지나 호수 오른쪽으로 계속 걸어 들어가면 본격적인 레이크호수 트래킹 코스로 진입한다. 호텔에서 호수 반대편 끝까지 편도로 약 2km이며, 왕복 약 1시간 정도 소요된다. 아이들이 있다면 여유롭게 1시간 30분 정도를 잡고 천천히 경치를 구경하며 걸어가도 좋다. 우리 가족은 유튜브에서 유키 구라모토의 '레이크 루이스' 연주를 들으며 천천히 거닐기도 하였다. 같이 걷는 한 걸음 한 걸음이 소중한 순간이었다.

많은 관광객들이 루이스호수 입구에서 사진만 찍고 호텔 정도를 둘러보고 다시 돌아간다. 조금 더 여유를 즐기는 사람들은 카누를 타기도 하지만, 트래킹을 즐기는 사람들은 그 중의 절반도 안 된다. 그리고 호수 반대편 끝까지 가는 사람들은 더욱 소수인데, 그 소수만이 누릴 수 있는 절경이 있으니 루이스호수에 방문할 때는 꼭 시간적으로 여유를 두고 방문하자.

호수 끝까지 가면 물이 점점 얕아지고 발목 정도까지 수위가 낮아지는 곳이 나온다. 그곳의 바닥은 거의 흰색에 가까운 부드러운 진흙으로 되어 있는

1. 초록빛 물과 빨간 카누가 선명하게 대비된다.
2. 루이스호수 반대편 끝에서 본 모습. 호텔 오른쪽의 선착장이 보이지 않을 정도로 멀리 와버렸다
3. 루이스호수 반대편 풍경. 현실과 차단된 느낌마저 드는 고요한 풍경이다.
4. 레이크 루이스 트레일. 호수를 따라 도로가 잘 정비되어 있어 아이들을 데리고도 쉽게 오갈 수 있다.

아이들과 캠핑카로 누빈 미국 서부 캐나다

데, 그곳을 통해 빙하 녹은 물이 호수로 흘러 들어간다. 바닥이 엄청 미끄러워서 잘 넘어지기도 하지만 진흙이라 넘어져도 크게 다치지는 않는다. 여기서 우리 아이들은 30분 가량을 놀았는데 돌아갈 때 상당히 아쉬워할 정도로 이 장소를 즐겼다. 과장을 조금 보태자면 "반대편 끝까지 가본 사람만이 루이스호수를 다 봤다고 할 수 있다"는 정도?

타카카우폭포

폭포는 사진으로 담기가 가장 힘든 곳 중 하나이다. 나이아가라 폭포 정도 되어야 사진으로 그 거대함을 느낄 수 있는 정도이며 웬만한 폭포를 사진으로 보면 그냥 '높은 곳에서 떨어지는 물줄기' 정도의 느낌밖에 오지 않는다. 그래서 로키산맥 관광객들은 타카카우폭포를 사진으로만 보고 그냥 지나치는 경우가 많은데 루이스호수까지 방문을 했다면 타카카우폭포를 꼭 한 번 방문해보길 바란다.

그런데 만약 RV를 가지고 간다면 한 가지 유의할 부분이 있다. 일반 승용차로 타카카우폭포를 방문한다면 큰 문제가 없지만 7미터 이상 되는 RV는 구불구불한 산길에서 회전 반경이 좁아 턴을 못하는 구간을 만난다. 이를 위해 캐나다 정부는 해당 구간을 '스위치백(좁은 구간을 전, 후진으로 통과해야 하는 구간)'으로 설정해 뒀다. 그래서 회전반경이

폭포의 높이는 373미터로
캐나다에서 두 번째로 높은
폭포이다.

되지 않는 구간에 다다르면 턴을 하지 말고 끝까지 전진을 했다가 다시 후진으로 길을 지나가야 한다. 이런 구간이 딱 한 번 있는데, 후진으로 지나가야 하는 길이는 약 1.2km 정도 된다. 한 가지 다행인 것은 대형 트럭이나 관광 버스들도 자주 왔다 갔다 하기 때문에 후진으로 등반하는 것이 다른 일반 승용차들에게도 익숙한 광경이다. 그래서 후진으로 가는 차를 보채거나 무리하게 추월할 생각은 하지 않으니, 다른 차들 눈치보지 말고 차근히 올라간다면 무난하게 통과할 수 있는 코스다.

후진 코스만 지나면 그 다음부터 폭포 전망대까지는 일반 도로가 이어진다. 타카카우폭포 전망대 주차장에 차를 세우고 강을 건너 조금만 걸으면 폭포에 다다를 수 있다. 타카카우 폭포는 다른 유명한 폭포들과는 달리 걸어서 폭포 바로 앞까지 갈 수 있다. 다가갈수록 폭포는 더 거대해지고 소리도 더 커지는데 바로 밑까지 가면 그 위세에 억눌릴 정도다.

물론 가까이 갈수록 짙어지는 물안개와 큰 소리 때문에 끝까지 걸어가는 사람들은 드물다. 하지만 초등학교 3학년 아이 정도면 충분히 끝까지 갈 수 있으니 아이 손을 잡고 폭포 끝까지 가보는 것도 해볼 만 하다. 우리 아이들의 경우 6살 둘째는 끝까지 못 올라갔고 초등학교 3학년인 첫째만 폭포 아주 가까운 곳까지 다녀왔다. 그 때 찍은 동영

폭포 초입임에도 폭포가 일으킨 바람에 점퍼가 펄럭일 정도다. 이 지점보다 상당히 더 가까이 폭포에 접근할 수 있다.

타카카우폭포를 가기 전 푯말. 스위치백(Switch Back) 안내 표시가 있다.

상을 보면 나와 함께 물안개에 흠뻑 젖었지만 계속해서 소리를 지르고 웃으며 아주 즐거운 한 때를 보내고 있다. 거대한 자연이 주는 해방감일까? 말로는 설명할 수 없지만 그 주변 사람들도 계속해서 미소를 띠고 있었다.

모레인호수

모레인호수는 캐나다 화폐 도안으로 사용되었을 만큼 캐나다 국민들에게도 너무나 사랑 받는 호수이며 전 세계인의 사랑도 듬뿍 받고 있는 관광지이다. 다른 호수에 비해 접근성이 그다지 좋은 편은 아니어서 모레인호수를 제대로 감상하기 위해서는 방문하는 시간대도 잘 살펴야 한다.

모레인호수는 '모레인 로드(Moraine Road)'를 통해서만 방문할 수 있는데, 이 도로는 유턴이 불가능한 왕복 2차선 도로이다. 물론 작은 승용차라면 유턴을 할 수도 있겠지만 RV는 도저히 불가능하다. 그래서 12킬로미터를 운전해서 도착하여도 주차장에 주차할 곳이 없을 경우 차를 돌려서 다시 모레인 로드 입구까지 12킬로미터를 나가야 한다.

그리고 양방향으로 1차선이기 때문에 나오던 차량이나 들어가던 차량이 혹시나 유턴을 하는 등 차량 흐름에 방해되는 행위를 하면 순식간에 교통이 마비될 수도 있는 지역이기도 하다. 그래서인지 최근에는 모레인 로드 입구에서부터 바리케이드를 설치해서 주차 여유가 있을 때만 차량을 들여보내고 있는데, 12킬로미터 전부터 차량을 통제하기 때문에 관광객에게는 조금 심한 처사인 것처럼 오해를 살 수도 있다. 하지만 12킬로미터를 헛걸음하지 않게 하려는 배려이다.

모레인호수 입구의 모습. 왼편에 보이는 돌무덤 정상에서 가장 아름다운 모레인 호수를 바라볼 수 있다.

돌무덤에는 난코스도 있지만, 전반적으로 6살 아이도 어른이 도와주면 오를 수 있는 수준이긴 하다

이렇게 많은 사람들이 사진을 찍기 위해 포즈를 취하고 사진기를 들고 있다

바위는 사진 하단부에 조금만 나오게 잘라주면 바위 앞쪽과 옆의 사람들이 프레임에 걸리지 않는다.

우리 가족은 모레인호수 방문을 총 3번 시도했었다. 시간대는 모두 달랐는데, 아침 5시와 오후 12시, 그리고 오후 5시였다. 이 중 성공한 시간대는 아침 5시와 오후 5시인데, 평일이든 주말이든 낮 시간대에는 정말 운이 좋아야 호수를 방문할 수 있다. 그리고 아침 6시 40분쯤 모레인 로드 입구를 지나친 적도 있었는데, 그 시간대에도 통제인원이 바리케이드를 치고 차량 접근을 막고 있었다. 입구에서 무작정 기다릴 수도 없는 것이, 모레인 로드 입구는 루이스호수를 가려는 사람들도 반드시 지나는 곳이기 때문에 통행량이 상당하며 주변에 정차해서 기다릴만한 장소도 거의 없다. 이만큼 까다롭기 때문에 RV로 여행할 계획이 있다면 새벽 5시에 모레인호수 주차장에 주차를 하고 차라리 거기서 잠을 더 청하는 것이 확실한 방법이다.

주차를 하고 모레인호수를 보기 위해 호수 입구로 다가가면 왼편에는 거대한 돌무덤이 있고 오른쪽에는 아주 진한 에메랄드 빛 호수가 위치하고 있다. 호수의 빛깔이 너무 아름답기 때문에 무언가에 이끌리듯 호수 쪽으로 자꾸 가게 되는데, 하필 그 부분에서 사람들이 돌무덤을 오르고 있는 장면이 보인다. 우리 가족은 무슨 성지순례에 온 듯이 돌무덤을 기어오르는 사람들 뒤를 따라 오르기 시작했는데, 나중에야 돌무덤 뒤편에 편하게 오를 수 있는 등산로가 있다는 것을 알게 되었다.

다행인 것은, 돌무덤 중간 중간에 다람쥐들도 많이 있어 등산하는 지루함을 덜어주기도 했고 우리 아이들은 돌무덤을 기어오르는 것 자체에도 많은 재미를 느꼈다. 두 번째 모레인 호수를 방문했을 때에는 편안하게 등산로를 이용했지만 많은 사람들이 이 등산로가 있다는 사실을 모른 채 열심히 돌산을 기어오른다. 우리 아이들은 두 번째 방문에서도 돌산으로 기어오르고 싶다며 떼를 쓰기도 했었다.

돌무덤 정상에는 몇 군데 포토존이 있긴 하지만 사진 찍는 사람들이 너무 많아서 사람들이 배경에 나오지 않게 사진을 찍는 요령을 미리 알아가면 좋다. 먼저, 사진을 찍는 사람은 모레인호수가 산 아래에 있기 때문에 호수를 내려다 볼 수 있도록 높은 위치에 자리를 잡자. 그리고 사진 모델이 되는 사람은 가능한 큰 바위를 찾아 그 위에 걸터앉는 것이 좋다. 이렇게 하면 큰 바위 아래쪽에 있는 관광객을 바위로 가릴 수 있기 때문에 사진 배경에 다른 사람들이 나타나지 않는다.

그나마 사람이 없는 곳을 찾는다면 호수를 바라보며 왼쪽 아래에 한적한

호수 왼쪽 아래 지점. 호수를 바라보는 각도가 많이 낮아지긴 했지만 모레인 호수에서 가장 한적한 곳이 아닐까 싶다.

공간이 자리하고 있다. 관광객들은 경쟁적으로 더 높은 곳이나 베스트 포토존에서 사진을 찍기 위해 줄을 서서 대기하기도 한다. 꼭 베스트 포토존에서 사진을 안 찍어도 되거나 이미 사진을 찍고 다른 뷰에서 호수를 바라보고 싶다면 산 왼쪽 아래로 발걸음을 옮겨보자. 모레인 호수가 유명한 것은 호수를 감싸고 있는 10개의 거대한 산봉우리(Valley of the Ten Peaks) 덕분이기도 한데, 아래쪽에서는 이 봉우리들이 훨씬 크고 또렷하게 보인다.

　모레인호수는 호수 안에서 액티비티를 즐기는 것보다 돌산 정상에서 호수를 바라보는 것이 더 좋다. 루이스호수처럼 트래킹을 하거나 카누를 타는 것보다 아무것도 하지 않고 최대한 오랫동안 머리와 가슴 속에 호수를 담아오길 추천한다. 그러면 여행이 끝나고도 모레인호수를 상상하면 다시 푸른 벅참이 가슴에 꽉 차오르는 것을 느낄 수 있을 것이다.

에메랄드호수

에메랄드호수는 타카카우폭포와 함께 요호국립공원에 위치하고 있다. 밴프국립공원에서 재스퍼국립공원으로 넘어가는 도중에 있기 때문에 차를 세우고 잠시 쉬어가는 호수로 생각하면 좋을 것 같다. 에메랄드호수 우측에는 자동차도 통행할 수 있는 다리가 놓여져 있는데 이 다리 위에서 호수를 배경으로 사진을 찍을 때 호수 빛깔이 가장 아름답게 나온다.

호수에 발이라도 담그기 위해서는 주차장에서 왼쪽으로 나 있는 길로 가야 한다. 우리는 호수를 방문할 때마다 발을 담그거나 여의치 않으면 손이라도 호수에 넣어보곤 했었다. 그런데 에메랄드호수 속으로 발을 디뎠을 때는 그 순간 깜짝 놀랐었다. 다른 호수보다 유난히 더 차갑게 느껴졌기 때문이다. 나중에 알고 보니 에메랄드호수는 다른 호수보다 해발 고도가 더 높은 곳에 위치하고 있어서 전체적으로 물의 온도가 더 낮다고 한다. 그래서 에메랄드호수는 11월부터 여름 시작점인 6월까지 얼어 있고 겨울에는 크로스컨트리 스키 경기의 도착지로도 이용되는 곳이었다.

에메랄드호수를 끝으로 로키산맥 남쪽 관광을 마치고 우리는 북쪽의 재스퍼국립공원으로 향할 준비를 했다. 마지막 밤을 루이스호수 캠핑장에서 보내며 새로운 환경에서의 여행을 기대했다. 아침 일찍 출발하기 위해 일찍 잠자리

에메랄드호수. 로키산맥 호
수들 중 유일하게 호수 위에
롯지가 있고, 롯지로 통하는
도로가 나 있다.

차가웠던 호수의 기억 때문
인지 이 사진을 볼 때마다
아주 시원한 느낌이 든다

에 들 준비를 하였지만 아이들도 설레는지 밖에 나가자며 칭얼댔다. 하늘의 별을 한 번씩 보고 오기로 약속하고 밖으로 나가는 순간, 우리는 '와~'라고 소리칠 수밖에 없었다. 정말 별들이 쏟아질 것 같이 많이 떠있었다. 급하게 사진기를 꺼내 하늘을 찍었다. 지금도 아내와 내 스마트폰 배경 화면에 저장되어 있는 밴프의 밤하늘을 소개한다.

은하수와 주변 별들을 보고 7살 딸이 한 말은 "아빠, 캠핑은 너무 이쁜 것 같애"였고, 그 순간을 아직도 잊을 수 없다.

재스퍼국립공원

뱀프 국립공원과 재스퍼 국립공원 사이에는 그 유명한 '아이스필드 파크웨이(Ice Field Parkway)'가 있다. 약 230킬로미터의 직선 도로인데 세계 최고의 드라이브 코스로도 손꼽힌다. 이 구간에서는 험준한 산들과 빙하 그리고 폭포들을 만날 수 있는데, 긴 드라이브 시간이 하나도 지루하지 않을 정도로 우리 가족의 이목을 집중시켰다.

그리고 산양이나 순록, 사슴 같은 동물들을 뱀프국립공원보다 훨씬 많이 볼 수 있다. 그만큼 좀 더 험하고 자연 그대로의 모습이 많이 남아 있다. 호수들 역시 아기자기 하고 아름답기 보다는 거칠고 압도적인 편이다. 뱀프국립공원의 설퍼산이 나무 데크로 정상까지 깔끔하게 길을 내어 놓았다면 재스퍼국립공원의 휘슬러산은 인공적인 것이라고는 거의 없는 자연 그대로를 보여주는 모습이다.

우리가 방문한 7월은 호수 수위가 가장 높은 계절이어서 메디신호수의 본체를 볼 수 있었다.

메디신호수, 멀린호수

메디신호수와 멀린호수는 서로 20킬로미터 정도 떨어져 있기 때문에 같은 날 관광하는 것이 동선에 효율적이다. 그 중 메디신호수는 도로변에 호수 전망 대가 위치하고 있어 밴프와 재스퍼국립공원 전체를 통틀어 가장 접근성이 좋은 호수라고 할 수 있다. 따라서 이 호수에 크게 관심이 없더라도 잠시 쉬어 간다는 의미로 잠깐 구경하고 가면 되겠다.

메디신호수는 계절에 따라 수량에 엄청난 차이를 보인다. 메디신호수 지하에는 큰 강이 흐르고 있는데, 이 강으로 호수의 물이 지속적으로 빠져나간다. 그렇기 때문에 메디신호수의 물은 고여있다기 보다는 위에서 빙하 녹은 물이 계속 공급되고, 아래에서 호숫물이 계속 빠져나가는 상태라 할 수 있다.

이런 지형적 특성으로, 여름이면 물이 유입되는 속도가 빠져나가는 속도보다 빨라서 호수 수위가 높아진다. 반대로 가을로 접어들면서 빙하 녹은 물의 유입량이 현저히 적어지기 때문에 호수 바닥이 보일 정도로 수위가 낮아진다. 그래서 가을, 겨울에 이 호수를 지나가는 관광객은 메디신호수 자리에 호수가 있는지도 모르고 지나칠 가능성이 높다.

다른 호수들에 비해 특별히 아름다운 호수는 아니지만 볼 수 있는 시기가 제한적이기 때문에 희소가치가 느껴지는 호수이다. 멀린호수를 볼 계획이 있다면, 그리고 여름에 여행할 계획이라면 한 번쯤 메디신호수에 들러 아이들에게 이 호수의 신기한 원리를 설명해주는 것도 좋을 것 같다.

멀린호수

멀린호수는 길이가 22km나 되는 초대형 빙하호이다. 로키 지역 호수 중에 가장 크고 세계에서 두 번째로 크다. 이 호수에는 카누와 카약은 물론이고 다른 호수에서는 즐길 수 없었던 모터보트와 낚시까지 즐길 수 있다. 호수가 워낙 넓기 때문에 유람선도 운영하고 있는데, 유람선은 왕복 90분 코스로 호수 동쪽의 아름다운 섬인 '스피릿 아일랜드(Spirit Island)'까지 다녀온다.

멀린 호수는 '멀린 호수'라는 이름보다 '스피릿 아일랜드'로 더욱 유명한 호수이다. 몸이 가벼운 관광객들은 유람선을 타지 않고 카약이나 카누를 빌려

멀린호수 입구에 위치한 선착장. 관광객들에게 카약과 카누, 보트를 빌려준다.

서 직접 노를 저어 스피릿 아일랜드까지 가기도 한다. 스피릿 아일랜드는 캐나다의 한 사진사가 그곳의 사진을 찍고, 그 사진이 세계적으로 유명해지면서 떠오른 관광지다. 넓은 호수에 호젓하게 자리잡은 작은 섬이 평화롭게 느껴진다. 여행 일정에 여유가 있다면 한 번쯤 가 볼만 하다.

휘슬러산 정상에서의 모습. 중간 중간의 물웅덩이 같은
곳은 실제로는 어마어마하게 큰 호수다.

재스퍼 스카이 트램

밴프 국립공원에 설퍼산과 곤돌라가 있다면 재스퍼에는 휘슬러 산과 스카이 트램이 있다. 곤돌라와 트램은 '케이블카' 종류인데 곤돌라가 4인~6인 정도가 앉아서 타는 형태라면 트램은 약 20명 가량이 서서 타는 형태다. 20명이나 되는 많은 사람들이 타기 때문에 가운데 있을 경우 바깥 풍경을 제대로 못 볼 수도 있다. 가능한 창가에 자리잡도록 하자. 그리고 스카이 트램에는 직원이 동승하여 스카이트램과 재스퍼 국립공원에 관련된 설명도 해준다.

트램을 타고 승강장에 내리면 휘슬러 산 정상 조금 아래에 도착한다. 휘슬러 산 정상은 한 여름에도 눈이 녹지 않은 채로 쌓여 있는 곳이 많다. 정상까지는 약 200~300미터 정도 더 걸어가야 하는데, 그리 멀지 않기 때문에 정상을 밟아 보는 것도 좋다. 그런데 정상에서의 뷰 보다는 트램 승강장 쪽의 뷰가 더 아름답기 때문에 그 날 컨디션에 따라 정상까지 걸어갈 것인지 그냥 쉴 것인지 선택해도 좋다.

휘슬러 산의 높이는 2,277미터이다. 주변에 산이 많지 않기 때문에 휘슬러 산 정상에서는 최대 80km 전방까지 펼쳐져 있는 산맥을 감상할 수도 있다. 저 멀리 험준한 산맥을 배경으로 가까이에는 넓은 평지에 재스퍼 시내가 위치한다. 그리고 평지를 가로지르며 애써베스카 강이 흐른다. 그런 광활한 뷰를 다른 관광지에서는 잘 볼 수 없기 때문에 생소한 느낌마저 들었다.

휘슬러 산 정상에는 해발고도 때문에 키가 큰 나무가 거의 없다. 잎이 큰 잡초와 풀들이 경사면을 따라 자라고 있고 산 정상 쪽으로는 잡초마저 자라지 않는다. 투잭호수를 소개할 때 '마멋'이 서식하고 있다고 했었는데, 휘슬러 산 정상에도 마멋이 서식하고 있다. 투잭 호수에 사는 것과는 다른 종류인 흰등마멋(Hoary Marmot)인데 일반 마멋보다 훨씬 크고 통통하다. 산 경사면을 따라 흰등마멋이 뒤뚱뒤뚱 걸어 다니는데 이 모습이 꽤 귀엽다. 사람에게 해를 끼치지 않기 때문에 가까이 가서 관찰해도 좋다. 아이들이 특히 좋아하니 정상에서의 경치 감상과 함께 흰등마멋도 꼭 관찰해보기 바란다.

애써배스카폭포

애써배스카폭포는 낙폭이 23미터 밖에 되지 않는 낮은 폭포지만 많은 관광객들이 찾는 유명한 폭포이다. 높이 보다는 엄청난 수량으로 승부(?)를 보는 폭포인데, 압도적인 수량으로 관광객들의 눈과 귀를 사로잡는다. 폭포의 폭은 그렇게 넓지 않아서 구경하는데 오래 걸리지는 않는다.

애써배스카폭포를 지나다 우측을 보면 아래쪽으로 나 있는 계단길이 보인다. 많은 관광객이 이 부분을 모르고 지나치거나 보더라도 대수롭지 않게 여기고 내려가길 포기한다. 이 계단길을 따라 내려가다 보면 계단 양 옆으로 퇴적층이 선명히 드러나는 퇴적암들을 볼 수 있다. 좁은 계단길과 차곡차곡 쌓여진 퇴적암은 신비한 분위기를 연출해주어 포토존으로도 잘 활용된다.

애써배스카폭포는 보는 각도에 따라 다양한 모습을 보여준다. 그래서 전망대도 폭포 주변을 돌며 여러 개 설치되어 있다.

애써베스카 강에서의 래프팅 모습. 우리 가족은 이곳에 도착해서야 래프팅 업체에 연락했고, 당장 가능한 곳은 없었다.

계단을 계속해서 따라 내려가면 폭포가 쏟아낸 거대한 물줄기가 강으로 합류되는 곳에 도착한다. 바로 여기가 재스퍼에서 가장 유명한 래프팅 시작점이다. 아이들도 만 6세부터는 래프팅을 할 수 있기 때문에 가족 단위로 래프팅을 즐기기 좋은 장소이다. 애써배스카폭포를 들르기 전에 여행 업체를 통해 예약을 하면, 이곳을 시작점으로 2시간~4시간 래프팅을 체험할 수 있다.

대다수 여행 책자에도 애써배스카폭포에 대해서만 간단히 소개가 되어 있고 래프팅에 대한 소개는 없었기 때문에 우리는 이곳에 도착해서야 래프팅의 존재에 대해 알 수 있었다. 래프팅을 하고 싶었지만 현장에서 이용할 수 있는 시스템이 없어 결국 포기하였다. 최장 4시간 코스를 이용하더라도 종점에 도착하면 업체에서 시작점으로 데려다 주기 때문에 래프팅 후 이동 걱정은 하지 않아도 된다. 애써베스카폭포 방문을 계획하고 있다면 캐나다 로키산 계곡에서의 래프팅, 꼭 한 번 시도해보기 바란다.

밴프, 재스퍼, 스탬피드축제

밴프와 재스퍼는 캐나다에서 가장 유명한 국립공원을 끼고 있는 작은 도시들이지만 두 도시의 분위기는 서로 사뭇 다르다. 모레인과 루이스라는 세계에서 가장 유명한 호수 덕분에 밴프에는 세계 각국의 관광객이 넘쳐나고, 기념품을 파는 상점들과 관광객을 대상으로 하는 식당들이 많다. 상대적으로 재스퍼는 밴프보다는 훨씬 조용한 분위기며 시내 중심에서 한 블록만 벗어나도 캐나다 현지인들이 살고 있는 주택가를 볼 수 있다.

밴프와 재스퍼 동쪽 도시 캘거리에서는 매년 7월 초, 세계 최대의 로데오 축제인 '스탬피드 축제'가 열린다. 축제기간에는 엄청난 인파가 몰리며, 매일 저녁 공연하는 메인 쇼의 티켓은 미리 예매하지 않으면 구하기 어려울 정도다. 여름 시즌에 로키산 여행을 하기로 하였다면 이왕이면 스탬피드 축제 기간으로 여행기간을 맞추는 것도 좋다.

관광객으로서는 확실히 밴프 시내가 더 끌린다. 건물들도 좀 더 아기자기

많은 관광객이 이 도로 중간
에서 스노우 피크 산을 배경
으로 사진을 찍는다.

케스케이드 타임 가든
(Cascade of Time Garden)
에서 수많은 꽃들을 보며 잠
시 휴식하자.

하며 도시 어디에서도 보이는 스노 피크(Snow Peak)산은 그 운치를 더해준다. 더구나 보우 강이 도시 남쪽을 가로지르고 있어 그 작은 동네에만 머물러도 밴프국립공원의 하이라이트를 경험할 수 있다고 해도 과언이 아니다.

많이 알려지지 않은 곳이지만 밴프에는 꽃의 정원인 '타임 가든'도 있다. 캐나다 공원 관리소에서 수많은 꽃들을 재배하며 여행자들에게 힐링 공간을 만들어주고 있는데, 누구에게나 무료로 공개하는 공간이다. 밴프 남쪽 보우강을 다리로 건너면 바로 찾을 수 있는데 가든 안에서 바라보는 밴프 시내와 스노 피크 산이 아름답기로 유명하다. 밴프 시내의 복잡함에 지쳐 쉴 곳이 필요하다면 이곳에 잠깐 들러 힐링 타임을 갖도록 하자.

밴프가 관광을 위한 도시라면, 재스퍼는 밀린 빨래를 하고 식료품을 채워 넣으며 반나절 정도 쉬어가는 도시다. 시내에는 대형 코인 세탁소가 있고 작은 마을 치고는 상당히 큰 식료품점도 있다. 조용한 도시라서 세계적으로 유명한 맛집이 있는 것은 아니지만 재스퍼 주민들이 직접 운영하는 아기자기한 식당들이 종류별로 들어서 있어, 맛있는 한 끼 식사를 하기에 무리가 없다.

우리는 로키산 캠핑을 마치고 다음 여행지인 샌프란시스코로 떠나기 전, 캘거리에서 하룻밤을 지냈다. 캘거리에서는 매년 7월 초, 세계 최대의 로데오 축제인 '스탬피드 (Stampede) 축제'가 열린다. 1912년에 카우보이 대회로 출발해 지금까지 발전해 오면서 전통적 로데오 문화에 현대적 볼거리들이 더해져 즐길 것이 점점 더 많아지고 있는 북미 최대의 축제이다. 우리 가족이 캘거리 입국심사대에서 받은 질문도 "스

재스퍼의 코인 세탁소. 세탁소 안에는 미니 커피숍도 운영하고 있어, 밀린 빨래를 하며 커피 한 잔의 여유를 갖기에 좋다.

아이들이 가장 좋아했던 바이크 스턴트 쇼.
몬스터 음료 존에서 매 시간마다 열렸다.

탬피드 축제에 오셨나요?"였을 정도로 이 기간 입국하는 관광객의 대부분이 스탬피드 축제를 보러 온다고 해도 과언이 아니다.

축제 입장권은 만 6세 이하는 무료이며 7세부터 12세까지는 9달러, 13세 이상은 18달러이다. 그냥 둘러본다는 생각으로 지불하기에는 상대적으로 비싼 금액이기 때문에 축제에 가기로 마음먹었다면 공연 시간이나 보고 싶은 전시에 대해 미리 공부하고 가는 것이 좋다. 코카콜라와 GMC 등 글로벌 기업들이 관광객들의 눈을 끌기 위해, 전시관을 운영하고 쇼와 콘서트를 진행하기 때문에 이곳들만 구경해도 재미있는 것들을 많이 볼 수 있다.

반드시 축제장에 입장해야만 스탬피드 축제를 즐길 수 있는 것은 아니다. 매년 축제는 항상 대규모 퍼레이드로 시작하는데 참가인원만 4천명이 넘고 말은 700마리 이상이 동원된다. 이 퍼레이드만 구경해도 스탬피드 축제를 맛봤다고 할 수는 있다. 퍼레이드는 축제 시작일 오전 9시부터 진행되는데 6번가 동쪽 끝에서 서쪽 끝까지 갔다가 다시 9번가로 내려와 서쪽에서 동쪽 끝까지 간다. 이 두 거리를 왕복으로 가로지르는 것만 장작 4시간이 소요된다.

퍼레이드 시작은 9시지만 퍼레이드를 보기 위해서는 그보다 조금 서두르는 것이 좋다. 새벽부터 사람들이 줄을 서서 기다리며 9시 정도에는 시내도로가 사람들로 가득 찰 정도이다. 요즘은 편하게 퍼레이드를 보기 위해 캠핑 의자를 가지고 나오는 사람도 있어 구경할 공간이 더 부족하기도 하다. 매년 30만명 정도가 구경한다고 하니 퍼레이드를 볼 계획이 있다면 당일 조금만 더 서두르도록 하자.

캐나드림(Canadream) RV카 할인 받기

캐나드림처럼 큰 렌터카 업체에서는 채팅상담 시스템을 운영하고 있다. 홈페이지 접속 시 채팅창이 활성화되며 여기에 예약에 대한 것이나 기타 궁금한 것을 물어볼 수도 있다. 그런데 궁금증 해결뿐만 아니라 채팅창으로 RV 예약도 가능하다. 채팅 상담 전에 웹페이지 상에서 가격이나 조건을 먼저 확인하자. 그리고 같은 조건으로 채팅창을 통해 예약을 하고 싶다고 요청하자. 그러면 웹에서 알아본 것과 같은 가격의 바우처를 이메일로 보내준다. 이메일을 확인하고 채팅창을 통해 현재 운영되고 있는 프로모션이 있는지 추가 할인을 받을 방법이 없는지 물어보면 찾기 어려웠던 프로모션을 적용해주기도 하고, 유료 옵션을 무료로 전환해 주기도 한다. 수고스럽더라도 채팅창을 통해 할인을 직접 요청해보도록 하자.

별 자리 앱 활용 Tip

캐나다는 깨끗한 자연환경 덕분에 별을 감상하기 정말 좋은 장소. 별을 감상할 때는 별자리 앱을 활용해보자. 앱스토어나 구글플레이스토어에는 여러 별자리 앱이 있는데, GPS 기준으로 현지의 별자리 위치를 전부 보여준다. 아이들에게 여러 번 시험해본 결과 '별을 본다'라는 행위는 아이들에게 그리 매력적이지 않다. '얘들아 저 별 봐봐, 진짜 예쁘지?'라고 해봤자 슬쩍 쳐다보고 다시 다른 곳에 한눈을 팔기 일수다. 그럴 때 별자리 앱과 함께 하늘을 바라보면 아이들도 관심을 갖고 별을 감상하기 시작한다. "아빠, 저 별은 무슨 별이야?"와 같은 질문이 자연스럽게 이어진다.

아이들과 캠핑카로 누빈 미국 서부 캐나다

레이크루이스 캠핑장의 밤 하늘. 별자리 앱으로 은하수를 찾고 그 위치에서 사진을 찍으면 은하수를 쉽게 촬영할 수 있다.

샌프란시스코
san francisco

날아갈 것 같은 바람을 맞으며 인간의 위대함을 증명하다

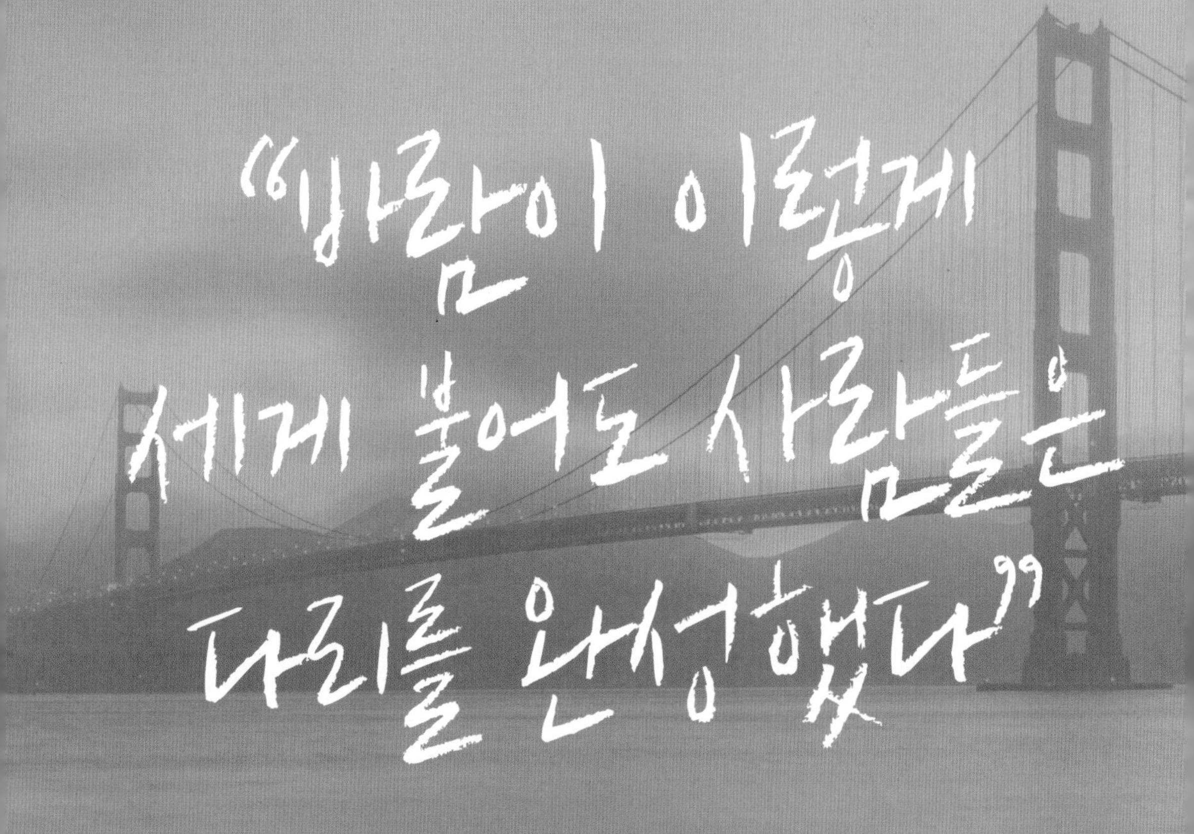

"바람이 이렇게
세게 불어도 사람들은
다리를 완성했다"

#바람의 도시 #안개의 도시 #도심도 즐거운 놀이터 #미션을 주면 즐거워
#케이블카에 매달리기 #클램차우더

골든게이트브릿지
Golden Gate Bridge

피셔맨즈 워프
Fisherman's Wharf

롬바드 거리
Lombard St

유니언스퀘어
Union Square

알라모스퀘어
Alamo Square

샌프란시스코 san francisco

샌프란시스코 여행 시작 전 아찔했던 기억이 있다. 샌프란시스코로 떠나기 전날 밤, 숙소 주소를 재확인하기 위해 에어비앤비 사이트에 접속을 했다. 그런데, 어디에도 예약 내역이 보이지 않았다. 마이페이지를 한참 뒤져서야 며칠 전에 취소된 예약이 보였고 그 사실을 방문 하루 전, 그것도 밤 늦게야 확인한 것이다. 성수기에 샌프란시스코 숙소 구하기는 정말 어렵다. 그만큼 유명한 도시이기도 하고 땅값이 비싼 도시이기도 해서 마음에 드는 숙소는 하나도 없었고, 그나마 남아있는 숙소는 다른 지역의 거의 2배까지 비쌌다.

에어비앤비에서 상당히 인기 있던 호스터여서 일방적으로 취소한 사유에 대해 더 궁금했지만 이유를 따지고 있을 시간이 없었다. 호텔 검색 사이트부터 에어비앤비의 다른 호스트까지 모두 검색해서 결국 에어비앤비를 통해 한 호텔을 예약할 수 있었다. 나중에 알고 보니, 세금문제 때문에 우리가 예약한 숙소의 호스트자격이 중지되었고, 우리 예약도 강제로 취소가 된 것이었다.

에어비앤비를 통해 숙소를 예약할 때는 이런 점을 유의하여야 한다. 에어비앤비가 아무리 보증을 선다고 하지만 여행가기 며칠 전 혹은 하루 전에 갑자기 호스트의 사정으로 숙소가 취소될 수도 있는 것이다. 에어비앤비의 장점은 확실하지만 이런 리스크가 있다는 점을 명심하자. 숙소로 에어비앤비를 예약했다면 여행 중간 중간 지속적으로 체크해야 만일의 상황에 대비할 수 있다.

도심 구경

유니언스퀘어(Union Square)

유니언스퀘어는 샌프란시스코 북부 시내에 위치한 광장이다. 그런데 유니언스퀘어 자체 보다는 그 주변의 백화점과 명품숍 그리고 금융회사들의 고층 건물들로 유명한 지역이다. 샌프란시스코 관광객들이 한 번씩은 지나게 되는 거리인 포스트(Post), 스톡턴(Stockton), 기어리(Geary), 파웰(Powell) 이렇게 4개의 거리에 둘러싸여 있고 관광객과 샌프란시스코 북부 현지인들이 망중한을 즐기는 곳이기도 하다. 겨울에는 이곳이 아이스링크로 변하는데 영화나 드라마에서도 이 아이스링크가 많이 등장하여 왠지 모르게 익숙한 풍경으로 느껴지기도 한다.

광장 네 귀퉁이에는 누구나 한 번씩 사진을 찍는 하트 오브제가 각각 설치되어 있다. 이 하트모양의 조형물에는 시기마다 다른 그림이 그려지는데 북서

유니언스퀘어의 하트 오브제. 북서쪽 것에는 항상 금문교 그림이 그려져 있다.

쪽에 위치한 하트 조형물만 그림이 변하지 않고 항상 금문교 일러스트와 함께 "I left my heart in San Francisco"가 새겨져 있다. 네 개의 조형물은 다른 도시나 국가에 대여전시를 하기도 하고 일러스트를 바꾸는 시점에는 기존 조형물을 판매하기도 한다. 이런 배경 때문에 유니언스퀘어에서 시기별로 만나는 하트오브제는 다음에 방문할 경우 다시 볼 확률이 거의 없다. 큰 의미는 없을 수 있으나, 이러한 배경을 알고 유니언스퀘어를 방문하면 그 하트가 새롭게 보이고 사진을 안 찍을 수 없게 된다.

알라모스퀘어(Alamo Square)

알라모스퀘어는 행정구역상으로 정확히 정해져 있는 구역이 아니라 '페인

페인티드 레이디스는 영화 '미세스 다웃파이어(Mrs. Doubtfire)'에도 출연한 유명 건축물이다.

티드 레이디스'를 포함하는 공원일대와 거주지역 일부를 일컫는다. 시에서 운영하는 뮤니패스(MUNI Pass) 버스가 다니기 때문에 대중교통으로 접근하기에도 어렵지 않은 지역인데, 버스에서 내리면 '응? 어디지?'라고 할 정도로 특색이 있는 지역은 아니다. 하지만 '페인티드 레이디스'라고 불리는 빅토리아 양식의 건물 일곱 채와 그 앞의 공원 그리고 이 지역 일대의 작은 상점들이 많은 관광객을 불러모으고 있다. 관광명소에는 항상 대기업의 체인점이 위치하기 마련인데, 지역주민들의 노력으로 이 지역에는 체인점 보다는 작고 특색 있는 상점들이 많이 있다.

빅토리아 건축양식은 선이 굵은 고딕양식이 특징이고 채색은 상당히 화려한 편이다. 과거 샌프란시스코에는 이렇게 빅토리아 건축양식으로 지어진 집들이 상당히 많았다고 한다. 하지만 20세기 후반으로 갈수록 거의 다 사라지고 이제는 알라모스퀘어에 있는 일곱 채의 집이 빅토리아 건축 양식을 대표한다. 원래는 건물 채색도 화려한 빅토리아 양식을 따르고 있었지만 1960년대에 파스텔톤으로 다시 칠하면서 현재의 모습으로 변했는데, 이 때부터 이 건물들을 '페인티드 레이디스(Painted Ladies)'라고도 부르게 되었다.

페인티드 레이디스 앞에는 잔디로 덮인 언덕이 있고 큰 나무들이 서있는데 이 언덕 위 잔디에 앉아 일곱 채의 아름다운 집을 바라보며 여유를 즐기는 것이 알라모스퀘어를 즐기는 대표적인 방법이다. 어른들은 조용한 거주지 구역에서 독특한 양식의 집들을 보며 망중한을 즐길 수 있지만 아이들의 경우 가만히 앉아서 집을 구경한다고 하면 전혀 흥미로워하지 않을 수도 있다. 이런 아이들을 위해서인지 잔디밭 바로 뒤에는 놀이터가 위치하고 있어 잠시나마 아이들의 지루한 마음을 달래줄 수도 있다.

롬바드 거리(Lombard Street)

롬바드 거리 역시 영화 속에 자주 등장하는 배경이다. 영화뿐 아니라 전 세계적으로 흥행한 애니메이션 '인사이드 아웃'에도 등장해서 또 한 번 유명세를 타기도 했었다. 급경사 언덕에 연속적으로 갈지자 도로가 구불구불 이어져 있는데 길가를 따라 수국이 심어져 있어서 마치 커다란 화단을 보는 것 같다. 아주 짧은 거리가 규칙적이고 반복적으로 구부러져 있기 때문에 멀리서 보면 그

여름에는 수국이 가득 피어서 거리가 한
층 화사해지고 꽉 찬 느낌을 준다

위쪽에서 바라본 롬바드 거리. 종종 이색적인 차들이
롬바드 거리를 체험하기 위해 몰려온다.

길 자체가 균형미와 조형미를 갖추고 있다.

    롬바드 거리는 차가 다니는 도로이고 거리 양 옆으로 직선으로 내려올 수
있는 인도가 있다. 아래 쪽에서 위 쪽을 바라보며 사진을 찍어야 그나마 'S'자
도로가 더 잘 보이고 위에서 아래를 바라보면 화단에 길이 가려져 단순한 언
덕으로 밖에 보이지 않는다. 영화 '인사이드 아웃'에서는 좀 더 'S'자 도로가 도
드라지게 작화를 하였는데, 실제로 그 뷰로 사진을 찍기 위해서는 드론 촬영을

해야 한다.

멀리서 롬바드 거리를 배경으로 사진을 찍는 것 이외에도 롬바드 거리를 직접 체험하는 것도 좋은 관광코스다. 언덕 위에서 아래로 내려오며 현지인들이 꾸며 놓은 수국 정원과 'S'자 도로를 지나가는 독특한 차들을 구경하는 것도 또 다른 재미다. 롬바드 거리 주변에는 거리를 보는 것 말고는 즐길 것이 거의 없다. 그렇기 때문에 북쪽에 위치한 '피어39', '피셔맨즈 워프'와 같은 관광지로 오갈 때 롬바드 거리에 잠깐 들러 구경하는 것을 추천한다.

케이블카 타기

샌프란시스코의 주요 관광지는 북부 지역에 몰려 있다. 이 지역은 출퇴근 시간이나 주말에 차가 많이 막히는 편이며, 인구 대비 주거지가 밀집되어 있어 주차공간도 넉넉하지 않다. 그래서 케이블카, 스트릿카, 버스 등을 패키지로 이용할 수 있는 '뮤니패스(MUNI Pass)'를 구입해서 대중교통으로 이동하는 것이 비용도 싸고 편리하다. 뮤니패스는 1일권, 3일권, 7일권을 판매하고 있고 1일권 기준으로 스마트폰용 티켓인 뮤니모바일(MuniMobile)은 인당 13불, 실물 티켓은 24불에 판매하고 있다. 케이블카 1회 이용권이 8불인 것을 감안하면 관광지 2곳만 왕복한다고 해도 본전은 건지는 셈이다.

흔히 '케이블카'라고 하면 공중에 설치된 케이블을 통해 떠다니는 교통수단을 생각하기 쉬운데, 샌프란시스코의 케이블카는 땅 위에 설치된 궤도를 따라 케이블을 통해 공급되는 전력으로 다니는 '전차'이다. 상당히 구식이면서 효율성도 떨어지는 교통수단이지만 영화나 드라마에 샌프란시스코가 배경으

케이블카 탑승역 중 가장 유명한 파
웰역. 주말에는 최소 1시간 30분 이
상은 기다려야 탈 수 있다.

파웰역에 도착한 열차의 방향을 바
꾸는 케이블카 직원들. 주변의 사람
들은 케이블카를 타기 위해 기다리
는 관광객들이다.

로 나올 때 항상 등장하는 명물이며 그곳의 정서를 만끽할 수 있는 하나의 문화라고 보는 것이 맞을 것 같다.

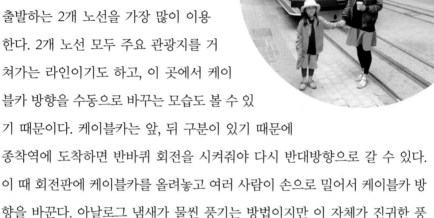

관광을 목적으로 케이블카를 탄다고 하면 많은 사람들이 파웰역에서 출발하는 2개 노선을 가장 많이 이용한다. 2개 노선 모두 주요 관광지를 거쳐가는 라인이기도 하고, 이 곳에서 케이블카 방향을 수동으로 바꾸는 모습도 볼 수 있기 때문이다. 케이블카는 앞, 뒤 구분이 있기 때문에 종착역에 도착하면 반바퀴 회전을 시켜줘야 다시 반대방향으로 갈 수 있다. 이 때 회전판에 케이블카를 올려놓고 여러 사람이 손으로 밀어서 케이블카 방향을 바꾼다. 아날로그 냄새가 물씬 풍기는 방법이지만 이 자체가 진귀한 풍경이다.

케이블카는 상당히 자주 오는 편이지만 시간이 오래 걸리는 이유는 관광객들이 입석으로 타는 것을 선호하기 때문이다. 내부에는 좌석이 상당히 많이 있는 편이어서 한 케이블 카에 40~50명이 탈 수 있다. 입석을 위한 자리는 10개 정도만 있기 때문에 40~50명이 탈 수 있는 케이블카임에도 불구하고 한 차에 10명씩만 타는 것이다. 사람들은 입석 자리가 다 차면 더 이상 타지 않고 다음 케이블카를 기다린다. 상당히 비효율적이지만 영화처럼 케이블카에 매달려 보고 싶은 것 또한 관광객의 마음일 것 같다.

* 케이블카 이용 꿀팁

파웰역에서 출발하는 케이블카 노선은 두 가지다. '파웰 하이드 선(Powell-Hyde Cable Car Line)'과 '파웰 메이슨 선(Powell-Mason Cable Car Line)'이 있으며 두 노선 모두 종착역은 '피어 39'다. 그런데 롬바드 거리를 지나는 노선은 '파웰 하이드 선'밖에 없어서 이 라인 이용률이 더 높다. 따라서 조금이라도 사람을 피해서 관광을 즐기려면 파웰 메이슨 선을 이용해서 '피어39'를 먼저 관광하자. 그 다음 '피어 39'에서 '파웰 하이드 선'을 타고 롬바드 거리로 가자. 이 방법을 이용하면 몰리는 관광객을 조금이나마 피할 수 있다.

또 다른 팁은 '파웰역을 피해서 케이블카 타기'다. 관광객들은 파웰역에서는 입석을 이용하기 때문에 케이블 카 내부는 텅텅 빈다. 이럴 때는 파웰역에서 1~2시간 기다리는 대신 다음 역인 파웰 오

페럴 역(Powell St & O'Farrell St)에서 케이블카를 타면 기다리지 않고 바로 탈 수 있다. 파웰 오페럴 역은 파웰역에서 도보로 2분 정도만 걸어가면 나오니 전혀 부담스럽지 않은 거리다.

케이블카를 탈 때는 주행방향의 오른쪽 보다는 왼쪽 방향으로 타는 것이 좋다. 케이블카 탑승은 오른쪽과 왼쪽 양방향 모두 가능한데, 사람들은 주로 오른쪽에서만 탑승을 하기 때문에 상대적으로 왼쪽 방향에 사람이 덜 붐빈다는 것도 참고하자

케이블카 각 종점에서는 운행을 준비중인 케이블카들이 대기하고 있다. 이 케이블카는 관광객들에게 사진촬영용으로 허락되어 있기 때문에 언제든지 올라타서 사진을 찍어도 된다. 정비를 방해하거나 운행하기 직전의 케이블카에 오랫동안 머무르지만 않으면 된다.

꿀
떨어지는
Tip

해안 구경

피셔맨즈 워프(Fisherman's Wharf)

'피셔맨즈 워프(Fisherman's Wharf)'에서 '워프'는 한국어로 '부두'이다. 따라서 이 지역 이름을 그대로 풀면 '어부의 부두'라는 뜻이 되는데 실제로 이 지역은 1800년대 골드러시가 있던 시절부터 어업이 발달했다. 20세기에 들어서면서 샌프란시스코 북부지역은 세계적인 관광지로 발전하였는데 관광산업이 어업을 대체하지 않고 서로 시너지를 내며 발전을 거듭해왔다.

피셔맨즈 워프에도 미국 해안지역에서 자주 볼 수 있는 구조물인 피어(pier)가 많이 설치되어 있다. 피어는 해변에서 바닷가 쪽으로 길게 뻗은 교각 같은 형태인데 규모가 큰 피어 위에는 쇼핑몰도 들어설 정도로 큰 구조물이다. 이 중에서도 관광객들에게 유명한 피어는 피어39, 피어45, 피어47이 있다.

가장 유명한 피어39에는 많은 해산물 음식점과 쇼핑을 위한 상점들이 즐

피어 39에서만 볼 수 있는 바다사자의 휴식 장면. 한 여름에는 휴식을 취하는 바다사자들의 수가 적다.

비하다. 거리 공연 아티스트들도 이곳에서 예술 활동을 많이 하기 때문에 지나가다 흥미가 생기는 공연을 보고 가는 것도 좋다. 피어39가 특히 유명해진 것은 이곳에서 서식하는 바다사자 때문인데 많은 바다사자들이 나무 데크로 올라와서 휴식을 취한다. 이 장면은 외국인들뿐만 아니라 미국인들에게도 특별한 볼 거리여서 바다사자 근처에는 많은 사람들이 멈춰서 구경을 하거나 사진을 찍는다. 관광을 하다가 출출해지면 이 지역 어느 레스토랑에서도 먹을 수 있는 클램 차우더에 바게트를 곁들여 먹어보자.

피어 45에서는 여러 가지 역사적인 전시물들이 있다. 가장 유명한 것은 제2차 세계대전에 사용되었던 잠수함과 화물선의 실물이다. 이 중 화물선은 당시 실물 그대로이며 잠수함은 전쟁 당시 손상된 곳을 나중에 복원하여 피어

피어 45에서는 2차 세계대전 당시 사용되었던 선박들이 전시되어 있다.

45에 전시하고 있다. 사전 예약을 할 경우에는 설명을 들으며 잠수함 투어를 해볼 수 있고, 아무 때나 가더라도 오디오 가이드를 지급받아 셀프 투어를 해볼 수도 있다.

피어 47은 관광보다는 조금 더 현지인들의 삶을 관찰하기 좋은 곳이다. 해산물 없이는 피어 47을 설명하기 어려울 정도인데, 그래서 피어 47의 별명도 '피시 앨리(Fish Alley)'다. 아침 일찍 방문하면 밤새 먼 바다에서 조업을 마치고 들어온 고기잡이 배들을 볼 수 있고, 곳곳에서 신선한 해물들을 사고 팔기 위한 흥정도 볼 수 있다. 여행을 하면서 볼 수 있는 흔한 광경은 아니어서 아이들과 함께 한 번쯤 볼만하다. 여행객이 쉽게 만날 수 있는 사람들이 아닌 치열하게 자기 삶을 살아가고 있는 현지인들을 볼 수 있기 때문이다.

골든게이트 브리지

골든게이트 브리지는 세계에서 가장 유명한 현수교이다. 상판의 하중을 케이블로 분산시켜서 건축한 다리를 '현수교'라고 부르는데 케이블의 모양에 따라 독특하고 아름다운 모양이 나오기도 한다. 마치 문처럼 높게 솟아 있는 주탑에서 여러 케이블이 뻗어 나온 모습이 아름다운 골든게이트 브리지는 다리 자체만으로 훌륭한 관광지다. 다리 건축 시에 해군의 요청으로 군함이 통과할 수 있는 높이로 지어졌기 때문에 다리 중앙은 수면에서 67미터나 되어 현존하는 모든 배는 다리 밑을 다 통과할 수 있고, 덕분에 다리의 자태도 더욱 웅장해졌다.

골든게이트브리지에 사용된 케이블의 단면. 수많은 철사들이 섬유질처럼 모여 있어 훨씬 강한 힘을 발휘한다.

골든게이트 브리지는 붉은 기운이 감도는 오렌지 색깔 때문에 더욱 유명하다. 공식적인 페인트 색의 명칭은 '국제 오렌지(International Orange)'이다. 샌프란시스코는 거의 매일 안개가 끼는 지역이기 때문에 가시성을 높이기 위해 이 색으로 칠해진 것이라고 한다. 다리 이름이 '골든게이트'인 이유는 그 지역의 해협이 '골든게이트 해협(Golden Gate Strait)'이기 때문이고 다리의 색깔 때문에 지어진 이름은 아니다.

워낙 큰 다리라 여러 지역에서 다리를 관찰할 수 있고 동쪽 저 멀리 위치한 피셔맨즈 워프에서도 다리의 모습을 관찰할 수 있다. 피셔맨즈 워프에서는 골든게이트 브리지까지 다녀오는 유람선을 운행하기도 하니 유람선 체험과 더불어 골든게이트 브리지를 관광하려면 피셔맨즈 워프에서 유람선을 타는 것도 좋다. 아이들이 없다면 다리 위를 직접 걸어서 왕복해보는 것도 좋은 관광 방법이지만, 우리 가족은 아이들을 고려해서 직접 차를 몰고 방문할 수 있는 뷰포인트를 찾았다. 많은 매체에서 서로 다른 뷰포인트들을 '최고의 뷰포인트'로 소개했고 우리 가족은 그 중 4개의 뷰포인트를 들렀다. 4대 뷰포인트 모두 아이들과 우리 부부 모두 만족을 했기 때문에 4군데 모두 간단히 소개한다.

첫 번째는 가장 유명하기도 하고 부수적인 볼 거리가 많은 '웰컴 센터(Golden Gate Bridge Welcome Center)'이다. 유료이긴 하지만 넓은 주차장을 갖추고 있는데 그마저 항상 몇 바퀴 돌아야 겨우 주차 자리를 찾을 만큼 사람들이 붐빈다. 하지만 남쪽에서 바라보는 뷰포인트 중에 다리를 가장 가까이서 크게 볼 수 있는 뷰포인트다. 더구나 '웰컴 센터' 이름에 걸맞게 다리에 관련된 여러 가지 교육 자료들도 많다. 케이블로 다리 하중을 어떻게 분산시키고 있는지, 케이블 하나 하나의 속은 어떻게 생겼는지 등에 대헤 충분히 공부할 수 있다.

웰컴센터 뒤편에서 촬영한 사진. 다리를 배경으로 인물 사진을 찍을 수 있는 포토존이 많다.

포트 포인트(Golden Gate Fort Point)에서 촬영한 사진. 다리가 더 웅장해 보인다

다음 뷰포인트는 웰컴 센터에서 차로 2분 정도 가면 도착할 수 있는 '포트 포인트(Golden Gate Fort Point)'이다. 웰컴 센터만큼의 감흥은 없지만 사람이 적다는 것이 가장 큰 장점이다. 간혹 낚시를 하는 사람들이 보이지만 이 근처에 다리를 구경하러 오는 사람들은 거의 없었다. 한적해서 길가에 차를 잠시 세워도 교통에 전혀 지장을 주지 않을 정도이다. 교각을 촬영하는 사진가들은 다리 아래에서 교각 전체를 사진에 담아내곤 하는데, 포트 포인트가 딱 그런 뷰를 선사한다. 웰컴 센터 바로 아래쪽에 위치하고 있으니 다리 반대편으로 넘어가기 전에 잠깐 들러서 다리의 하부를 구경하는 것도 나쁘지 않다.

북쪽으로 다리를 건너면 유명한 뷰포인트들이 3군데 정도 있다. 그 중에 가장 유명한 것이 '비스타 포인트(Vista Point)'이며 이곳에서는 다리를 정면으로 볼 수 있다. 다리를 아주 가까이서 볼 수 있지만 바로 정면으로 보이기 때문에 다양한 각도의 사진을 찍을 수는 없다. 시간적 여유가 없다면 스킵해도 좋을 만한 포인트이다.

가장 기대를 하지 않았지만 가장 큰 기쁨을 준 뷰포인트는 바로 '배터리 스펜서(Battery Spencer)'이다. 다리를 북쪽으로 건너 소살리토 마을을 거쳐 다시 남쪽으로 돌아오면서 들를 수 있는 곳이다. 지도 상으로 다리 북서쪽에 위치하고 있는 곳인데, 주차장이 상당히 협소해서 왔다갔다 하다가 자리가 나면 주차를 해야 한다.

산 위에서 골든게이트 브리지를 내려다볼 수 있고 조망권도 가장 넓은 곳이다. 바닷가 언덕 위에 위치하고 있어 항상 엄청난 바람이 불고 있다. 바람을 정면으로 맞으면 숨을 쉬기도 힘들 정도인데 아이들한테는 이렇게 즐거운 곳이 없다. 바람을 맞으며 마구 뛰어다니며 깔깔거린다. 배터리 스펜서 깊숙이 들어가면 원래는 미군 정찰 요새였지만 이제는 쓰이지 않는 건물들이 나온다.

호크 힐(Hawk Hill)에서 찍은 다리 측면 사진. 에머
랄드 빛 해수면과 붉은 기운의 다리가 잘 대비된다.

배터리 스펜서(Battery Spencer)에서 바라본 뷰. 높
게 솟은 주탑이 바로 옆에 있는 듯한 착각이 든다.

아이들과 캠핑카로 누빈 미국 서부 캐나다

이곳은 약간 을씨년스러운 느낌이 들기도 해서 내키지 않으면 굳이 보지 않아도 상관없다.

마지막 뷰포인트는 골든게이트 브리지를 가장 측면에서 바라볼 수 있는 '호크 힐(Hawk Hill)'이다. 배터리 스펜서에서 좀 더 북서쪽으로 올라가면 만날 수 있다. 이곳은 배터리 스펜서보다 주차공간이 더 협소하고 뷰포인트 자체도 상당히 비좁다. 하지만 이곳을 오는 관광객은 많지 않아서 생각보다 비좁다는 느낌은 들지 않는다. 가장 측면에서 볼 수 있는 곳이기에 다리를 가로로 가장 길게 찍을 수 있다.

1번국도, 솔뱅

그 순간이 아니면 다시는 즐길 수 없는 것들도 있다

"우연이 선사한
큰 즐거움"

#1년 넘게 폐쇄된 해안도로 #우리가 가니 뚫리다 #9시간 운전

#솔뱅은 어느나라 #고향으로 가는 기분

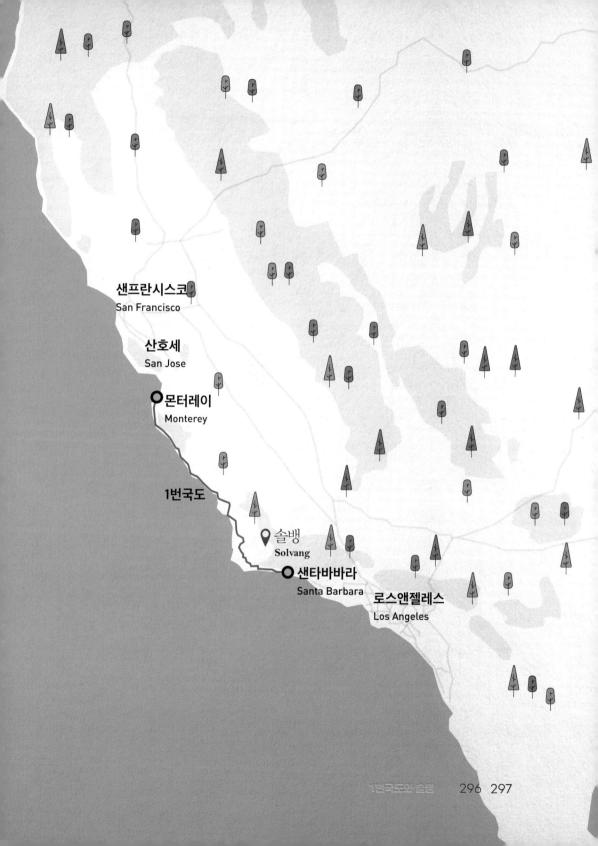

샌프란시스코
San Francisco

산호세
San Jose

몬터레이
Monterey

1번국도

솔뱅
Solvang

샌타바바라
Santa Barbara

로스앤젤레스
Los Angeles

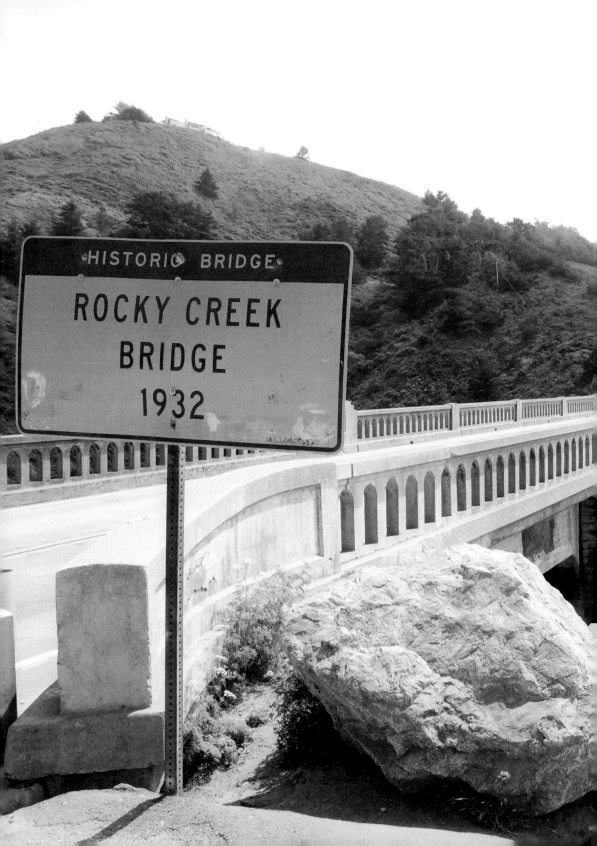

샌프란시스코의 숙소 예약이 취소되면서 예정했던 4박을 못 채우고 하루 더 일찍 LA방향으로 내려가야 했다. 샌프란시스코부터 LA까지는 유명한 해안 드라이브 코스인 '1번 국도'가 길게 늘어서 있다. 지금은 통칭 '1번 고속도로(Highway 1)'이라고 부르지만 사실 이 도로는 캘리포니아의 첫 번째 '주도(California State Route 1)'이다.

샌프란시스코에서부터 우리의 목적지인 '롱비치(Long Beach)'까지는 497마일(약 800킬로미터)이었다. 고속도로를 이용하면 약 6시간 거리였다. 그런데 주도는 고속도로가 아니다 보니 같은 거리지만 쉬지 않고 운전하면 약 9시간 30분이 소요되었다.

한국 명절 때 막히는 도로를 6~7시간 운전하는 것과는 차원이 다른 노동이었다. 나중에는 오히려 샌프란시스코에서 숙소 예약이 꼬여, 하루 일찍 출발했던 것이 천만 다행으로 여겨질 정도였다. 결국 1번 국도 드라이브 중에 밤을 맞았고 중간 도시인 '솔뱅(Solvang)'에서 하루를 쉬어 가야 했다. 하지만 그것이 우리 가족에게는 커다란 행운이었다고 생각한다. 모든 것을 위한 큰 그림이었다고 할까? 솔뱅은 그만큼 아름답고 특별한 도시였다.

1번 국도 뷰포인트

해안을 따라 구비구비 도로가 이어져 있기 때문에 거의 모든 구간에서 바다를 감상할 수 있고 고도가 높은 절벽을 따라 길이 나 있기 때문에 압도적인 느낌을 받는다. 운전하는 내내 절경을 감상할 수 있기 때문에 미국 서부 여행자들은 고생스럽지만 일부러 이 도로를 선택하기도 한다. 도로 구석구석이 전부 멋지지만, 차를 잠시 세우고 감상해도 좋을 곳을 따로 소개한다.

록키 크릭 브리지(Rocky Creek Bridge)
빅스비 브리지(Bixby Bridge)

본격적인 해안도로에 들어서서 기가 막힌 경치에 입을 다물지 못한 채로 운전을 하다 보면 상당히 오래되어 보이는 콘크리트 교량에 도달하게 된다. 이

안개가 잔뜩 낀 빅스비 브리지의 모습. 안개 사이로 보이는 절벽이 더욱 가파르게 보인다.

교량은 '록키 크릭 브리지(Rocky Creek Bridge)'인데 남쪽으로 2~3분 더 가서 위치하고 있는 '빅스비 브리지(Bixby Bridge)'와 모양이 유사하지만 그 규모에서 조금 더 작다. 이 두 교량은 1932년에 순전히 사람의 손으로 지어졌는데 절벽의 높이와 험준함을 보면 그 사실이 경이롭게 느껴진다.

한쪽에는 산이 있고 반대쪽에는 바다가 있어 경치가 극명한 대비를 이루는 가운데, 회색 빛 교량이 험준한 절벽을 이어주고 있다. 이 자체만으로 훌륭한 사진구도를 만들어주기 때문에 많은 사람들이 이 다리들을 배경으로 사진 촬영을 한다. 그런데 아무래도 바닷가 절벽이다 보니 안개가 많이 끼어서 어떨 때는 다리 자체가 안개에 가려 보이지 않기도 한다. 이런 짙은 안개는 운전에 방해가 되기도 하지만 그 자체로 운치를 안겨주니, 안개가 조금 걷히길 기다리며 여유롭게 풍경을 감상해보자.

바다코끼리 비스타포인트(Elephant Seal Vista Point)

빅스비 브리지에서 약 2시간 정도 해안 경치를 감상하며 남향하면 바다코끼리 서식지를 만나볼 수 있다. 샌디에이고의 라호야비치와 샌프란시스코의 피어39에서는 '바다사자'를 볼 수 있다면, 이곳에서는 특이하게 '바다코끼리'를 감상할 수 있다. 바다코끼리는 바다사자와는 다르게 수컷에게서 코끼리처럼 커다란 상아를 관찰할 수 있다. 해변에서는 그 다지 활동적이지 않아 휴식하는 모습을 바라보는 것이 전부지만 이런 동물들이 도로변 해안가에 휴식을 취하고 있는 것 자체가 신기할 따름이다.

주차장에서 해변으로 가는 길에는 바다코끼리의 특징을 설명하는 푯말이 세워져 있다. 이미 아이들은 샌디에이고에서 바다사자를 아주 가까이서 본 터라 크게 신기해하지 않았다. 하지만 바다코끼리의 특징을 설명해주고 그것을 잘 관찰해보라고 하자, 그래도 관심을 갖고 유심히 보았다. 바다코끼리는 본인이 상처입지 않았을 경우에는 사람을 공격하지 않는다고 하는데 이 해변에는 애초에 사람이 출입하는 통로를 만들어 놓지 않았다. 운전 중 휴식을 취하는 겸 멀리서 동물들을 바라보는 것에 만족하자.

바다사자보다 좀 더 회색에 가까운 바다코끼리들, 동물들이 자는 모습은 언제나 평화롭다.

02

솔뱅

솔뱅은 1900년대 초 추위를 피해 미국으로 건너온 덴마크인들이 자리잡고 발전시킨 도시다. 이주한 지 한 세기가 지났지만 이 도시의 거의 모든 건축양식은 덴마크식이다. 시내 중심가의 길 이름도 '코펜하겐 길'인데, 이 길을 따라 볼거리들이 모여 있다. 몇 년 전부터 한국에 불고 있는 '북유럽식' 양식을 도시의 모든 곳에서 만나볼 수 있다.

이 마을에서 가장 유명한 빵집인 '데니쉬 밀 베이커리(Danish Mill Bakery)'는 항상 사람들로 붐빈다. 대서양을 누빈 바이킹들이 먹었다는 빵을 맛보기 위해 관광객들이 끊임없이 방문한다. 하지만 우리 가족이 여행했던 7월은 날씨가 너무 더웠기 때문에 빵집에서 파는 아이스크림이 관광객들에게 가장 인기였다.

솔뱅은 인구 5천명 수준의 작은 마을이어서 마을 안에서의 관광은 반나절이면 충분하다. 대신 근처 휴양도시인 산타바바라나 솔뱅 주변으로 끝없이 펼

마을 어디에서나 덴마크의 정취를 느껴볼 수 있는 도시, 솔뱅

쳐진 와이너리들을 한데 묶어서 관광하는 것이
훨씬 알차게 여행하는 방법일 것 같다. 우리 가
족은 아이들을 위해서 와이너리를 뒤로 하고
산타바바라 해변 일정을 추가하였다. 산타바
바라는 솔뱅에서 남쪽으로 50여 킬로미터 떨어진 휴양
도시인데 오프라 윈프리와 브래드 피트 등 유명 셀럽들의 별장지
로도 유명하다. 그만큼 아름답기 때문에 잠깐 들러 해변을 산책해 보는 것도
좋은 여행 코스다.

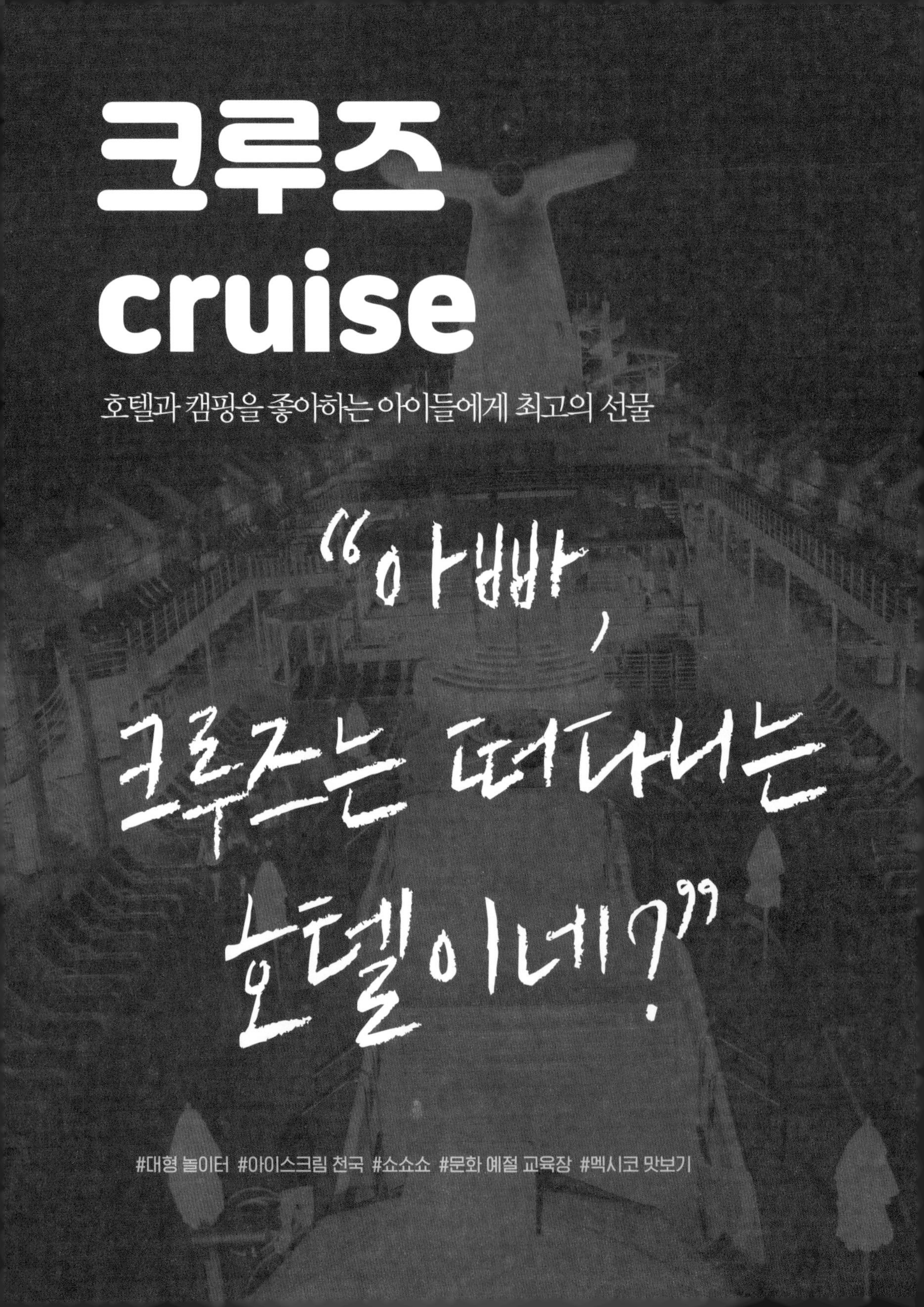

크루즈
cruise

호텔과 캠핑을 좋아하는 아이들에게 최고의 선물

"아빠, 크루즈는 떠다니는 호텔이네?"

#대형 놀이터 #아이스크림 천국 #쇼쇼쇼 #문화 예절 교육장 #멕시코 맛보기

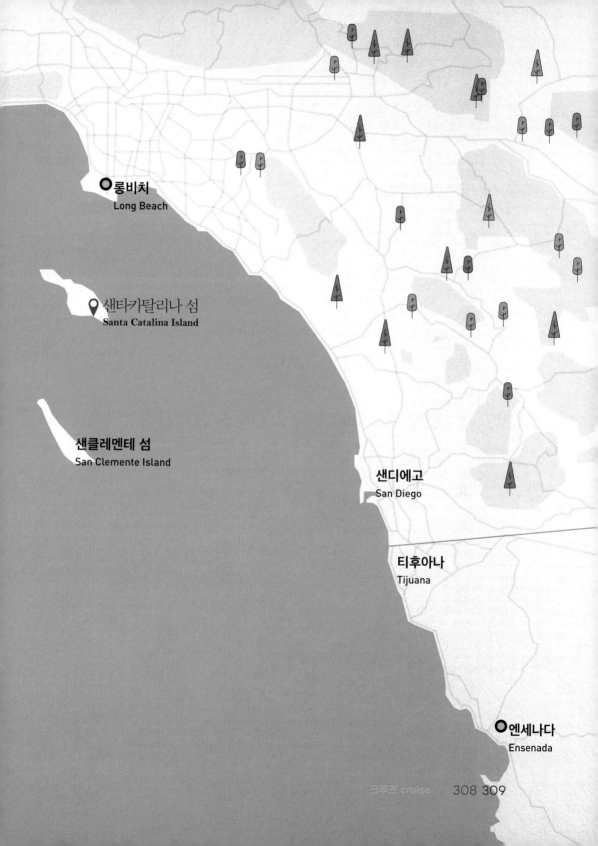

롱비치
Long Beach

샌타카탈리나 섬
Santa Catalina Island

샌클레멘테 섬
San Clemente Island

샌디에고
San Diego

티후아나
Tijuana

엔세나다
Ensenada

53일간의 미국 캐나다 여행을 마무리 짓는 여정으로 우리는 크루즈 여행을 선택했다. 크루즈 여행의 묘미는 24시간 제공되는 먹을거리와 매일 저녁 열리는 화려한 쇼 이외에도 '잠자는 동안에도 배는 계속 이동한다'는 데 있다. 여행을 하다 보면 비행기를 타거나 육로로 이동하기 위해 별도의 교통수단을 반드시 이용해야 하지만 배 안에서 쉬면서 마음껏 먹고 하룻밤 자다 보면 다음 날 다른 여행지에 도착한다는 게 무척 매력적이다. 요즘에는 3박 내지 4박짜리 짧은 크루즈 여행 상품들도 많이 출시되고 있어 일반 여행에서도 한 번쯤 경험해 볼만 하다.

크루즈 업체 선택하기

크루즈 여행은 대부분 가격이 높은 편이다. 호화 크루즈로 장기간 여행하는 상품들이 많기 때문인데 다행히 LA쪽에 상대적으로 짧은 일정으로 좀 더 저렴한 여행 상품을 제공하는 '카니발 크루즈(Carnival Cruise)'가 있다. 카니발 크루즈에서는 바하마(Bahamas)나 캐리비안(Caribbean) 그리고 가까운 멕시코까지 가는 상품들을 운영하고 있다.

호화 크루즈의 경우, 만찬 시에 턱시도와 파티드레스가 필요하기도 해서 장기간 여행하는 우리 가족에게는 부담스러운 존재였다. 반면 카니발 크루즈가 '대중성'을 높였다고는 하지만 그 크기와 서비스에 대해 이용했던 사람들의 만족도가 아주 높은 편이었다. 편안한 여행복 차림으로 즐겁게 뷔페와 수영 그리고 게임을 즐기면 됐기에, 우리는 주저 없이 카니발 크루즈를 선택했다.

처음에는 디즈니 크루즈 이용을 목표로 여행준비를 했었다. 모든 객실까지 디즈니 캐릭터로 꾸며져 있고 최근에는 마블 캐릭터를 활용한 공연도 진행한

다. 그냥 학예회 수준이 아니라 디즈니에서
인정하는 배우들로 공연이 진행되기 때문
에 기회만 된다면 아이들에게 꼭 경험하게
해주고 싶은 심정이었다.

그런데 비용과 일정이 맞지 않았다. 제일
짧은 코스가 보헤미안으로 가는 3박짜리 코스
였는데 출항이 일주일에 한 번 밖에 없었다. 디즈니
크루즈를 이용하기 위해서는 전체 여행일정을 디즈니 크루즈 출항일로 맞춰
야만 했다. 그리고 가장 저렴한 옵션을 택해도 4인 가족의 비용은 4,079달러
였다.

크루즈 여행은 숙소 위치에 따라 요금이 달라지는데 갑판에 가까울수록 가
격이 높아지며 선미(배 뒤쪽)보다는 선수(배 앞쪽)가 가격이 높다. 배 뒤쪽은 엔
진이 위치하기 때문에 진동이 조금 더 느껴져서 배 멀미를 할 가능성도 높아
지기 때문이다. 소위 배 뒤쪽 제일 하단층을 고르더라도 디즈니 크루즈의 가
격은 우리 돈으로 500만원 수준이었다. 53일 동안 여행 경비도 상당했기 때문
에 고작 3박에 500만원을 쓰는 것은 무리였다.

카니발 크루즈는 디즈니 크루즈와 비교하면 말도 안 되게 저렴하다. 그렇
다고 배 크기가 차이 나는 것도 아니었다. '디즈니' 관련 프리미엄만 포기하면
이렇게 '가성비' 좋은 업체는 없었다. 방 위치도 배 앞쪽 선수로 하고 높이도
중간층 정도였는데 우리 4인가족 비용은 2,082달러. 디즈니 크루즈의 정확히
절반 가격이었다. 그것도 1박이 더 길었다. 지금 생각해보면 우리 여행일정에
디즈니랜드가 있었는데도 처음에 왜 디즈니 크루즈를 고집했는지 모르겠다.

크루즈 즐기기

체크인

크루즈는 보통 오후에 출발하며 오전부터 체크인이 가능하다. 체크인 직후부터 배 안에 준비된 음식들을 무제한으로 먹을 수 있다. 그리고 부대시설들을 미리 둘러볼 수 있으니 다른 관광일정이 없다면 일찍 가는 것이 정보 파악과 음식 섭취(?)에도 유리하다. 비행기와 마찬가지로 등급이 높은 티켓부터 미리 체크인이 시작되며, 모든 승객들의 체크인이 완료가 되면 만약을 대비한 안전 교육을 실시한다.

체크인 전에 캐리어와 같은 대형 짐은 모두 선원들에게 맡긴다. 짐을 맡기고 난 후 여권과 티켓만 가지고 편안하게 체크인을 하면 된다. 그런데 최초에 짐을 수거하는 직원과 객실까지 짐을 옮겨주는 직원은 서로 다른 사람이다. 대부분 같은 사람인 줄 알고 최초 수거 직원에게 팁을 주고 객실에서 기다리면

상당히 체계적으로 진행되는 해상안전교육. 탑승객 전원이 교육에 참석할 때까지 지속적으로 진행된다.

서는 팁을 준비하지 않게 되는데, 오히려 짐을 객실까지 옮겨주는 직원이 사실 더 많은 일을 하는 셈이다. 따라서 팁을 주려면 두 사람 모두에게 주든지, 한 명만 주려면 객실까지 옮겨주는 직원에게 주는 것이 더 낫다.

체크인 후 안전 교육에서는 구명조끼를 입는 법부터 시작해서 비상시 구체적인 동선과 탈출계획까지 자세히 설명해준다. 12세 미만 아이들은 손목에 비상용 띠를 차게 되는데, 배에 탑승하는 동안에는 계속 착용하고 있어야 한다. 손목에 차는 띠는 색상별로 구분되어 있는데, 비상시에 우리 아이들이 가는 구역은 손목 띠의 색깔로 정해져 있다. 비상시에 우리 아이들을 찾아 헤매다가 골든타임을 놓치는 일을 최소화하기 위한 방안이다. 이것 외에도 비상대처 방안들이 상당히 효율적이고 실용적인 것들로 이뤄져 있었다. 그동안 비행기, 배 등 교통수단을 이용하면서 이렇게 체계적으로 안전교육을 받아본 적이 없었기에 교육 내내 감탄하며 집중하여 교육을 들었다.

먹거리

크루즈 안의 음식들은 대부분 무료다. 일부 식당과 바의 경우 유료로 운영되며 뷔페, 멕시칸, 햄버거, 피자 등 코스들은 제공되는 시간이 서로 좀 다를 뿐이지 거의 24시간 내내 무료로 제공된다. 그 중 피자와 토스트 코스는 거의 쉬는 시간 없이 밤새도록 음식이 제공된다. 특히 토스트는 식빵과 햄, 치즈뿐만 아니라 치아바타와 스위스치즈, 체다치즈 등 다양한 재료들로 주문할 수 있다. 겉으로 그 재료가 보이지 않더라도 특별 주문을 해보도록 하자.

토스트, 피자와 더불어 24시간 제공되는 것이 또 하나 있는데 바로 소프트 아이스크림이다. 작은 콘에 내 맘대로 담는 아이스크림이기 때문에 부담 없이 먹을 수 있지만 열량이 높기 때문에 주의를 기울여야 한다. 생각 없이 먹다가 4박이 지난 뒤 엄청난 칼로리에 시달릴 수 있기 때문이다.

우리 가족이 특별히 좋아했던 코스 중에는 멕시칸 존이 있었다. 수많은 부리토와 나초 종류를 맛볼 수 있을 뿐만 아니라 10가지가 넘는 핫소스도 종류별로 다 맛볼 수 있다. 그 중에서도 특히 맛있었던 것은 '나초 보울(Nacho Bowl)'이다. 나초 보울은 나초로 만들어진 그릇에 해산물, 고기, 야채 등을 넣고 버무려 먹는 나초의 한 종류이다. 아무 말도 하지 않고 '나초 보울'만 외치면 기본 제공량만 나오는데, 새우 등을 더 추가하고 싶으면 'extra shrimp'라고 외치면 된다. 더 넣고 싶은 재료가 있다면 주저 말고 주문해 보자.

매일 저녁을 해결했던 선내 레스토랑. 저녁이 아닌 시간에는 유료로 운영된다.

매일 저녁은 객실 호수별로 자리가 정해져 있는 레스토랑에서 식사를 한다. 물론 24시간 운영되고 있는 일반 뷔페식 식당에서 저녁을 해결해도 상관없지만 지정된 레스토랑이 훨씬 퀄리티가 높으니 웬만해서는 포기하지 말자. 보통 첫 날과 이튿날에는 편안한 캐주얼 복장으로 식사를 해도 상관없다. 그런데 크루즈선에서 준비한 특별한 디너 타임이 있다. 3박이나 4박째 저녁으로 세팅이 되는데, 이 날에는 조금 더 격식을 갖춰서 레스토랑에 입장해야 한다. 턱시도까지는 아니더라도 남자는 셔츠(남방)에 긴 바지 정도는 입어주는 것이 예의다.

즐길 거리

거대한 크루즈 선 안에는 생각 외로 다양한 즐길 거리가 있다. 크루즈 선은 우리 아이들 표현으로는 '떠 다니는 호텔'인데 정말로 육지의 대형 호텔 수준의 부대시설을 갖추고 있다. 가장 낮은 급의 크루즈 선의 경우라도 수영장은 기본적으로 2개를 갖추고 있고, 따뜻한 물이 나오는 작은 자쿠지는 3~4개 정도 곳곳에 위치한다. 구명조끼도 치수별로 다 구비되어 있고 안전요원들도 교대로 지켜보고 있기 때문에 아이들이 안전하게 물놀이를 즐길 수 있다.

가족 단위로 간단하게 공을 가지고 노는 시설들도 잘 되어 있다. 탁구대와 당구대는 아이들이 언제나 해보고 싶어하는 운동이다. 아이들이 어리다면 룰 따위는 잠시 잊자. 굳이 아이들에게 당구 룰과 탁구 룰을 가르치고 즐기려 하지 말고 아이들이 편한 방법대로 즐겁게 즐기도록 하자. 배의 머리 부분에는 미니 골프존이 마련되어 있는데 퍼터만을 가지고 9개의 코스를 공략하는 게임이라 위험하지도 않고 아이들도 잘 즐길 수 있다. 미니사이즈 클럽도 준비되어 있어 유치원 아이들 정도라도 게임을 즐길 수 있고, 초등학생 정도면 사뭇 진지하게 게임을 진행해볼 수 있는 수준이다. 한 낮에는 태양이 뜨거우니 주로 저녁 시간에 가족 단위로 2~3게임을 즐겨보자.

매일 저녁에는 다양한 쇼가 기다리고 있다. 모든 쇼는 무료이며 유명한 뮤지컬들의 하이라이트 메들리를 볼 수도 있고 화려한 마술쇼도 진행한다. 퀴즈쇼도 준비되어 있는데 캘리포니아의 로컬 방송국과 연계하여 생방송 퀴즈쇼를 진행하기도 한다. 그리고 매일 저녁에는 최근 개봉된 영화도 상영한다.

아이와 함께 온 가족들을 위해 크루즈 선에는 놀이방이 운영되고 있다. 아이 돌봄 전문 교육을 받은 선원 두 명이 아이들을 몇 시간이고 맡아준다. 놀이

갑판에 마련된 미니 골프존. 크루즈 선에는 남녀노소 모두가 즐길 수 있는 놀이 위주로 설비되어 있다.

크루즈 선 갑판 정 중앙에 위치한 메인 풀. 깊은 곳과 낮은 곳이 구분되어 아이들 놀기에도 좋다

배의 꼬리 부분에는 크고 작은 슬라이드들도 설치되어 있다.

방 안에는 레고와 X-Box 등 아이들이 가지고 놀 수 있는 장난감도 많고 여럿이 함께 할 수 있는 보드게임도 있어서 언어가 통하지 않더라도 충분히 어울려 놀 수 있다.

아이들을 맡겼다면 어른들끼리 잠시 여유를 즐길 수도 있다. 크루즈 선에도 호텔과 마찬가지로 카지노가 운영되고 있다. 룰렛이랑 블랙잭 등 비교적 쉬운 게임에 소액 배팅을 하며 1시간 정도 즐겨보는 것도 좋은 경험이다. 카지노를 즐겼다면 나머지 시간은 바에서 칵테일을 주문해서 갑판으로 나가보자. 석양이나 야경을 바라보며 시원한 바다 바람을 배경으로 살짝 취해보는 것도 좋다.

기항지

기항지에 도착하면 크루즈 선은 깊은 바다에 닻을 내리고, 관광객은 작은 보트를 이용해서 상륙한다.

크루즈 선은 우리가 자는 동안 밤새 항해를 하여 눈을 뜨면 기항지에 도착해 있다. 우리 가족의 첫 번째 기항지는 LA와 샌디에고 사이에 위치하고 있는 섬인 '카탈리나 섬(Santa Catalina Island)'이었다. 카탈리나 섬에서는 골프 카트를 빌려서 드라이브를 하며 섬을 구경한다. 화석연료를 사용하는 차는 거의 볼 수 없는데 국가에서 카탈리나 섬의 환경보호를 위해 강력한 규제를 적용하고 있기 때문이다.

카탈리나 섬에 상륙하면 바로 골프카트 대여 업체들이 줄지어 보인다. 어느 곳을 선택해도 큰 차이점은 없지만 인터넷을 통해 예약을 미리 하면 대여비가 일부 할인된다. 예약을 하지 못했다면 가장 사람이 적은 곳으로 가는 것이

기항지에 도착하면 크루즈 선은 깊은 바다에 닻을 내리고, 관광객은 작은 보트를 이용해서 상륙한다.

카탈리나섬 뷰포인트. 골프 카트와 함께 사진을 찍으면 카탈리나 섬의 추억을 더 선명하게 남길 수 있다.

크루즈 cruise

낮다. 기항지에서는 배로 돌아가는 시간이 정해져 있기 때문에 최대한 알차게 시간을 써야 하기 때문이다.

카탈리나 섬은 섬 자체가 그리 크지 않기 때문에 골프 카트로 한 바퀴 돌아보는 것이 여행일정의 반 이상을 차지한다. 카트 대여 업체마다 카탈리나섬 지도로 드라이브 코스를 친절히 설명해주니 어디로 갈지 큰 고민은 하지 않아도 된다. 섬의 왼쪽 코너를 돌아 언덕을 올라가면 바다와 항구가 내려다 보이는 뷰포인트가 있으니 사진은 이 곳에서 찍도록 하자.

골프카트 투어가 끝나면 시내를 한 바퀴 둘러보자. 지중해 연안 느낌의 아기자기한 상점들에서 기념품들을 팔고 있는데 꼭 사지 않더라도 구경하는 재미가 쏠쏠하다. 시내 구경이 끝났으면 맑은 바닷물을 자랑하는 해변에서 아이들을 놀게 하자. 아이들에게는 언제나 바닷물은 옳다. 좀 더 편하게 해수욕을 즐기기 위해서는 크루즈 선에서 나올 때부터 수영복을 입혀 나오도록 하자.

멕시코 엔세나다

우리 가족이 탔던 크루즈 선의 마지막 기항지는 멕시코 '엔세나다 (Ensenada)'였다. 엔세나다는 멕시코 북단에 위치하는 작은 마을로 기후는 연중 온화한 편이다. 엔세나다에서의 관광은 현지 가이드의 안내로 이뤄지며 엔세나다의 역사적 유적지와 '라 부파도라(La Bufadora)'라 불리는 간헐천을 방문한다. 유적지는 큰 감흥이 없었고, 오히려 거기서 무료로 시음하게 해주는 멕시코 전통 마르가리타가 아주 맛있었다.

유적지에서 버스를 타고 약 45분가량 바닷가를 향해 달리면 '라 부파도라'

크루즈 cruise 325

라 부파도라의 파도비. 사진촬영 직전 높은 파도로 이미 아이들의 옷이 흠뻑 젖어 있다.

에 도착한다. '라 부파도라'는 '블로우 홀(Blow Hole)'이라고도 불리는 간헐천인데, 2~3분에 한 번씩 비좁은 바위층 사이로 파도가 밀려들면서 높게 솟구치는 곳이다. 주차장에 도착하면 간헐천을 보기 위해 15분 정도 걸어야 하는데 이 과정에서 작은 재래 시장을 구경할 수 있다. 재래 시장이라고 해봤자 대부분 관광객을 위한 먹거리와 기념품을 팔고 있지만 그래도 미국에서는 볼 수 없었던 멕시코만의 감성을 느껴볼 정도는 된다.

라 부파도라에 도착하면 사람들이 해안 절벽을 둘러 싸고 파도가 솟구치길 기다리고 있다. 그러다 가끔 관광객이 구경하는 곳까지 파도비가 내리는데, 그곳을 찾는 관광객들은 그 파도비를 맞아 보기 위해 일부러 더 오래 지체하며 기다리기도 한다.

에필로그

크루즈 선 여행을 마치고 우리 가족은 산타모니카에서 4일을 더 지냈다. 그곳에서 못했던 쇼핑을 하기도 하고 산타모니카 해변에서 하루 종일 현지인처럼 놀기도 했다. 약 두 달 간의 여행을 마치고 한국에 돌아오니 주변사람들로부터 많은 질문들이 쏟아졌다. 그 중에서도 가장 인상 깊게 남은 질문은 "아직 아이들이 어린데, 그렇게 장기 여행을 가도 될까?"라는 것이었다.

여행을 하기 전에는 우리 부부도 똑같은 고민을 했었다. 첫째 아이는 그래도 여행을 기억할 것 같은데 도무지 둘째 아이는 여행을 기억하지 못할 것 같았다. 하지만 여행을 마치고 그 질문을 받자 내가 대답했던 말은 "아이들은 머리 속으로는 기억하지 못해도 가슴속으로는 기억한다"였다. 그리고 지금 책을 마감하면서 아이들과 여행을 해야 하는 또 한 가지 이유를 찾았다. 그것은 바로 "우리 부부가 절대로 잊지 못할, 아이들과 함께한 추억을 만들었다"이다.

아이들은 계속 커가고 우리 부모들이 전해주고 싶은 것들도 마음처럼 잘 전달되지 않는다. 하지만 부모들의 아이들을 위한 마음만은 진실이다. 우리 부부는 이 여행으로 아이들에게 어떤 경험을 주었는지 확실히 알지 못한다. 조금이라도 이번 여행이 아이들에게 긍정적인 영향을 미쳤기를 바랄 뿐이다. 하지만 확실히 남은 것은 우리 가슴 속에 그 긴 시간 동안 아이들과 함께하며 미지의 세계를 여행했다는 기억과 감정이다. 이 기준으로 생각해보면 아이들과 함께하는 여행에 '최적기'란 없다. 바로 지금이라도 시간적 여유가 된다면 아이들과 함께 여행을 떠나라고 권한다.

크루즈를 타고 바라본 밤하늘

아이들과 캠핑카로 누빈

미국 서부
캐나다

지은이 | 석장군

펴낸이 | 최병식

펴낸날 | 2021년 11월 25일

펴낸곳 | 주류성출판사

주소 | 서울특별시 서초구 강남대로 435 주류성빌딩 15층

전화 | 02-3481-1024(대표전화)   팩스 | 02-3482-0656

홈페이지 | www.juluesung.co.kr

값 20,000원

잘못된 책은 교환해 드립니다.

ISBN 978-89-6246-458-0 03980